आधुनिक भारत के महान वैज्ञानिक

आधुनिक भारत के महान वैज्ञानिक

गुणाकर मुळे

ज्ञान-विज्ञान प्रकाशन
नई दिल्ली-110 002

मूल्य : ₹150

पहला संस्करण : 1989
चौथा संस्करण : 2019

प्रकाशक : ज्ञान-विज्ञान प्रकाशन
1-बी, नेताजी सुभाष मार्ग, दरियागंज
नई दिल्ली-110 002

मुद्रक : बी.के. ऑफसेट
नवीन शाहदरा, दिल्ली-110 032

AADHUNIK BHARAT KE MAHAN VIGYANIK
by Gunakar Muley

ISBN : 978-93-81863-72-5

अपनी बात

मेरी **प्राचीन भारत के महान वैज्ञानिक** पुस्तक प्रकाशित हो चुकी है । उस पुस्तक के साथ प्रस्तुत पुस्तक को पढ़ने से भारतीय विज्ञान के विकास की रूपरेखा ज्ञात हो जाती है। यह भी ज्ञात हो जाता है कि प्राचीन विज्ञान और आधुनिक विज्ञान में कितना अंतर है ।

हमारे प्राचीन वैज्ञानिकों ने अपने ग्रंथ संस्कृत भाषा में लिखे। आधुनिक काल के वैज्ञानिक अपने शोध-निबंध अंग्रेजी में लिखते हैं। अतः इन वैज्ञानिकों के कृतित्व को आज की जनभाषा में प्रस्तुत करने में जो कठिनाइयाँ होती हैं, उसकी कल्पना करना कठिन नहीं है।

पुराने संस्कृत ग्रंथों के ज्ञान को आज की भारतीय भाषाओं में समझाना उतना कठिन नहीं है । परंतु विदेशी भाषाओं में प्रस्तुत किए गए आधुनिक विज्ञान को जनभाषा में समझाने में अनेक कठिनाइयाँ हैं । आधुनिक विज्ञान अब विशेष सांकेतिक चिह्नों और पारिभाषिक शब्दों में प्रस्तुत किया जाता है ।

आधुनिक भारत के दस वैज्ञानिकों को मैंने चुना है। दस को ही चुनना था, इसीलिए यह चुनाव। वरना, और भी कई वैज्ञानिकों को चुना जा सकता है। अक्सर यह होता है कि 'प्रशासक-वैज्ञानिक' को अधिक प्रसिद्धि मिल जाती है और अपने क्षेत्र में विशेष कार्य करनेवाले वैज्ञानिक जनसाधारण के लिए गुमनाम बने रहते हैं!

आशा है, पाठक इस पुस्तक को पसंद करेंगे।

गुणाकर मुले

'अमरावती'
सी-210, पांडव नगर
दिल्ली-110092

विषय-सूची

जगदीशचंद्र बसु

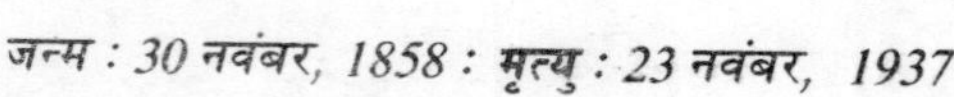

जन्म : 30 नवंबर, 1858 : मृत्यु : 23 नवंबर, 1937

आधुनिक भारत के जिन इने-गिने व्यक्तियों ने अपनी प्रतिभा का चमत्कार दिखाकर संसार को चकित कर दिया है, उनमें जगदीशचंद्र बसु का नाम प्रमुखता से लिया जा सकता है। साधारण परिस्थितियों से ऊपर उठकर और निरंतर अंग्रेजी सत्ता के साथ संघर्ष करते हुए उन्होंने विज्ञान के क्षेत्र में भारत के पुराने गौरव को पुनः स्थापित किया। जगदीशचंद्र बसु का जीवन एक लंबे संघर्ष की कहानी है।

सन् 1857 ई. का साल भारत के इतिहास में बड़े महत्त्व का है। इस साल सारे देश ने अंग्रेजों के खिलाफ विद्रोह करके आजादी की आवाज को बुलंद किया था। इसके एक साल बाद, 30 नवंबर, 1858 ई. के दिन, बंगाल के मैमनसिंह जिले के फरीदपुर गाँव में बालक जगदीशचंद्र का जन्म हुआ। अब यह गाँव बांगला देश में है।

जगदीशचंद्र के पिता, भगवानचंद्र बसु, उन दिनों फरीदपुर के डिप्टी मैजिस्ट्रेट थे। उनका खानदानी मकान ढाका जिले के राढ़ीखाल गाँव में था। बाद में भगवानचंद्र को जिंदगी के कई उतार-चढ़ावों से गुजरना पड़ा। लेकिन उन्होंने हिम्मत नहीं हारी। एक बार उन्होंने डाकुओं को सजा दी। जेल से छूटने के बाद उन्हीं डाकुओं ने उनके मकान में आग लगा दी। इसमें उनकी बच्ची बाल-बाल बची। फिर भी उन्होंने अपना मन मैला नहीं किया। जेल से छुटे हुए एक डाकू को उन्होंने अपने घर नौकर रख लिया!

भगवानचंद्र चाहते तो अपने लड़के को अंग्रेजी स्कूल में भी पढ़ा सकते थे । पर उन्होंने जगदीशचंद्र को गाँव के स्कूल में ही पढ़ाना पसंद किया । नाते-रिश्तेदारों को इससे बड़ा अचरज हुआ । दूसरे अफसरों के लड़के अंग्रेजी स्कूल में पढ़ते थे । पर भगवानचंद्र को देशी स्कूल ही पसंद थे । उनका उसूल था कि बच्चों की पढ़ाई मातृभाषा के माध्यम से ही शुरू होनी चाहिए ।

जगदीशचंद्र का बचपन देहाती वातावरण में, देहात के हरे-भरे खेतों में और बगीचों में गुजरा । बचपन में उनके शौक थे तरह-तरह के जीव-जंतु पालना, जंगलों की खाक छानना, बगीचों में फावड़ा चलाना और पानी की नालियाँ बनाना । घुड़सवारी का तो उन्हें बेहद शौक था ।

बचपन में प्राय: हर बालक किसी न किसी महापुरुष को अपना आदर्श पुरुष मानता है । जगदीशचंद्र के आदर्श पुरुष थे महाभारत के कर्ण । कर्ण एक वीर पुरुष थे । महाभारत में कर्ण के बारे में कई कथाएँ मिलती हैं ।

कालेज की पढ़ाई के लिए जगदीशचंद्र कलकत्ता गए । वहाँ उन्होंने सेंट ज़ेवियर्स कालेज में नाम लिखाया । जगदीशचंद्र मैट्रिक की परीक्षा पहली श्रेणी में उत्तीर्ण हुए थे । पर कालेज में वह बहुत प्रतिभाशाली विद्यार्थी नहीं समझे जाते थे । हाँ, उन्हें अध्यापक अच्छे मिले थे । इनमें से एक अध्यापक फादर लाफाँ ने जगदीशचंद्र के जीवन को एक नई दिशा में मोड़ दिया । फादर लाफाँ बेल्जियमवासी थे और भौतिक-विज्ञान

बहुत अच्छी तरह पढ़ाते थे। इतने अच्छे कि धीरे-धीरे जगदीशचंद्र की भौतिक-विज्ञान में रुचि बढ़ती गई।

जगदीशचंद्र ने बी. एस-सी. की परीक्षा अच्छे नंबरों से पास की। अब आगे क्या किया जाए? जगदीशचंद्र आगे की पढ़ाई के लिए इंग्लैंड जाना चाहते थे। पर पिता की आर्थिक दशा ठीक नहीं थी। उनके ऊपर कर्ज भी हो गया था। तबीयत ठीक न होने से उन्होंने नौकरी से अवकाश ले रखा था। कुछ नाते-रिश्तेदार चाहते थे कि जगदीशचंद्र आई. सी. एस. (इंडियन सिविल सर्विस) की परीक्षा के लिए तैयारी करें। आई. सी. एस. होने पर ऊँची सरकारी नौकरी मिल जाती। पर जगदीशचंद्र के पिता सरकारी नौकरी के खिलाफ़ थे। उन्हें खुद का अनुभव था कि सरकारी नौकरी में क्या-क्या ज़हमतें उठानी पड़ती हैं।

अंत में पिता-पुत्र में सलाह हुई। तय हुआ कि जगदीशचंद्र आगे डाक्टरी पढ़ेंगे। इसके लिए जगदीश-चंद्र विलायत जाना चाहते थे। माँ बोली : मैं अपने बेटे को समुद्र-पार नहीं भेजूँगी। पर अंत में माँ राजी हो गई। इसी बीच पिता की नौकरी फिर शुरू हो गई। जगदीशचंद्र लंदन के लिए रवाना हो गए।

लंदन पहुँचकर जगदीशचंद्र बसु ने चिकित्साशास्त्र का अध्ययन शुरू कर दिया। किंतु वहाँ उनकी तबीयत ठीक नहीं रहती थी। बुखार आता रहता था। अस्पतालों में मुर्दों की चीर-फाड़ करनेवाले कमरे में जाने से जगदीशचंद्र को फिर बुखार आ जाता। अंत में, डाक्टरों

ने भी सलाह दी कि वह चिकित्साशास्त्र की पढ़ाई छोड़ दें। इंग्लैंड से बिना डिग्री लिए वापिस लौटने से कोई फायदा नहीं था। इसलिए जगदीशचंद्र ने कैम्ब्रिज विश्वविद्यालय के क्राइस्ट चर्च कालेज में नाम लिखाया। वहाँ उन्होंने भौतिकी, रसायन और वनस्पति-विज्ञान विषय लिए। वहाँ से बड़ी सफलता से उन्होंने बी. एस-सी. की उपाधि प्राप्त की।

जगदीशचंद्र बसु चार साल के बाद स्वदेश लौटे। इंग्लैंड से वे लॉर्ड रिपन के नाम प्रशंसापत्र भी लाए थे। लॉर्ड रिपन ने तो नौकरी दिलाने का वादा किया, पर उस समय के बंगाल के गवर्नर तीखे मिजाज़ के आदमी थे। वह योग्य भारतीय को भी अंग्रेजों के बराबर सम्मान देने के पक्ष में नहीं थे। अंत में कलकत्ता के प्रेसीडेंसी कालेज में जगदीशचंद्र बसु को अस्थायी प्रोफेसर के पद पर नियुक्त किया गया। उनकी आयु उस समय केवल 25 साल की थी।

पर संघर्ष का अंत नहीं हुआ था। अंग्रेज शासक काले-गोरे में भेद करते थे। वेतन में भी भेद। एक यूरोपवासी को जितना वेतन मिलता था, भारतीय को उसका केवल दो-तिहाई दिया जाता था। जगदीशचंद्र इस भेदभाव को सहन नहीं कर सके। उन्होंने पढ़ाने का काम नहीं छोड़ा, पर वेतन लेने से इनकार कर दिया।

जगदीशचंद्र बसु ने पूरे तीन साल तक कालेज से वेतन नहीं लिया। वह अपनी बात पर अड़े रहे। इस समय उनके पिता की आर्थिक दशा भी ठीक नहीं थी।

उनके ऊपर बहुत-सा कर्ज हो गया था। बसु ने अपने बाप-दादा की जायदाद बेच दी। इससे कुछ कर्ज चुकता कर दिया गया।

जगदीशचंद्र बड़ी लगन से विद्यार्थियों को पढ़ाते थे। इससे कालेज के दबंग लड़के भी उनका सम्मान करने लगे। अधिकारियों पर इस बात का बड़ा प्रभाव पड़ा। अंत में उन्होंने बसु को पूरा वेतन देना स्वीकार कर लिया। उन्हें तीन साल का इकट्ठा वेतन मिला। उनकी नियुक्ति भी पक्की हो गई। जिस 'सविनय सत्याग्रह' को गाँधी जी ने बाद में सारे देश में फैलाया, उसकी शुरुआत एक तरह से जगदीश बसु ने बहुत पहले ही कर दी थी।

इंग्लैंड से लौटने के एक साल बाद ही जगदीशचंद्र बसु का विवाह हो गया था।

सन् 1892 ई. में जगदीशचंद्र बसु 34 साल के हुए। अपने जन्म दिन पर उन्होंने संकल्प किया : 'मैं अपना सारा जीवन विज्ञान की सेवा में लगा दूँगा।' और उसके बाद वह पूरी तरह शोधकार्य में जुट गए। उन्होंने प्रयोगशाला के लिए अपने खर्च से ही उपकरण तैयार करवाए। देशी मिस्त्रियों ने ही यंत्रों को बनाया था।

जगदीश बसु ने सबसे पहले 'बेतार के तार' पर शोधकार्य शुरू किया। आज बेतार के तार (वायरलेस) से सभी परिचित हैं। आज घर-घर में रेडियो हैं। विद्युत की तरंगों से आजकल लाखों किलोमीटर की दूरी पर संदेश भेजे जाते हैं। पर उन दिनों आज की इस दुनिया की किसी को भी कल्पना नहीं थी। बसु के पहले जर्मनी

के हेनरिक हर्ट्ज नाम के वैज्ञानिक ने इस दिशा में कुछ कार्य किया था। इंग्लैंड के प्रसिद्ध वैज्ञानिक मैक्सवेल ने विद्युत-चुंबकीय तरंगों के बारे में गणित के सिद्धांतों की स्थापना की थी। किंतु अभी तक किसी भी वैज्ञानिक को इन तरंगों की सहायता से एक स्थान से दूसरे स्थान तक संदेश भेजने में सफलता नहीं मिली थी।

लेकिन जगदीशचंद्र बसु को इसमें सफलता मिल गई। 1895 ई. में कलकत्ता में उन्होंने अपने इस प्रयोग का पहली बार प्रदर्शन किया। उन्होंने अपने क्लासरूम से रेडियेटर की सहायता से विद्युत की बेतार तरंगें प्रसारित कीं और इनसे करीब 25 मीटर दूरी पर रखी हुई घंटी बजाकर बाद में अपने-आप एक पिस्तौल भी दागी। उसके बाद वह इसी प्रयोग को बड़े पैमाने पर करने के लिए जुट गए। उन्होंने कालेज से एक किलोमीटर की दूरी पर अपने घर तक बेतार के संदेश भेजने की योजना बनाई। पर इस योजना के पूरी होने के पहले ही उन्हें इंग्लैंड की एक वैज्ञानिक संस्था का निमंत्रण मिला और वह इंग्लैंड के लिए रवाना हो गए।

इंग्लैंड में जगदीशचंद्र बसु ने यही प्रयोग करके दिखाए। इससे वहाँ के वैज्ञानिक जगत में बड़ी खलबली मच गई। व्यावसायिक कंपनियाँ बसु को घेरने लगीं। वहाँ के ऑलिवर लॉज और लॉर्ड केलविन जैसे प्रख्यात वैज्ञानिक जगदीश बसु से आग्रह करने लगे कि वह इंग्लैंड में ही रह जाएँ। उसी समय लंदन विश्वविद्यालय

ने बसु को 'डाक्टर' की उपाधि दी। डा. बसु की कीर्ति चहुँओर फैल गई।

इस यात्रा में डा. बसु को बड़े कटु अनुभव हुए। उनकी खोज से लाभ उठाने के लिए व्यापारी कंपनियाँ उनके पीछे पड़ गई थीं। उनके एजेंटों ने डा. बसु के कुछ कागज-पत्र चुराने की भी कोशिश की। जगदीश बसु के एक अमरीकी मित्र थे। उन्होंने बसु की खोज को अमरीका में अपने नाम से पेटेंट करवा लिया! इन सब बातों से डा. बसु को बड़ा दुःख हुआ।

डा. बसु भारत लौट आए। पर अब उन्होंने बेतार के तार के बारे में आगे शोधकार्य करना छोड़ दिया। कुछ साल बाद इटली के वैज्ञानिक मार्कोनी ने इसी क्षेत्र में काम करके संसार में ख्याति अर्जित की। पर हमें यह हमेशा स्मरण रखना चाहिए कि बेतार के तार से संदेश भेजने में सबसे पहले जगदीशचंद्र बसु को ही सफलता मिली थी।

डा. बसु को बचपन से ही पेड़-पौधों और जीव-जंतुओं से गहरा लगाव था। अब वह वनस्पति-विज्ञान में शोधकार्य करने में जुट गए। पहले लोगों का ख्याल था कि वनस्पति को सुख-दुख जैसी बातों का अनुभव नहीं होता। पर जगदीशचंद्र बसु का पक्का विश्वास था कि वनस्पति को भी आदमी की तरह बाहर की परिस्थितियों का अनुभव होता है। उन्होंने वनस्पतियों के स्वभाव का अध्ययन करने के लिए सूक्ष्म यंत्र बनवाए। उन्होंने 'क्रेस्कोग्राफ'

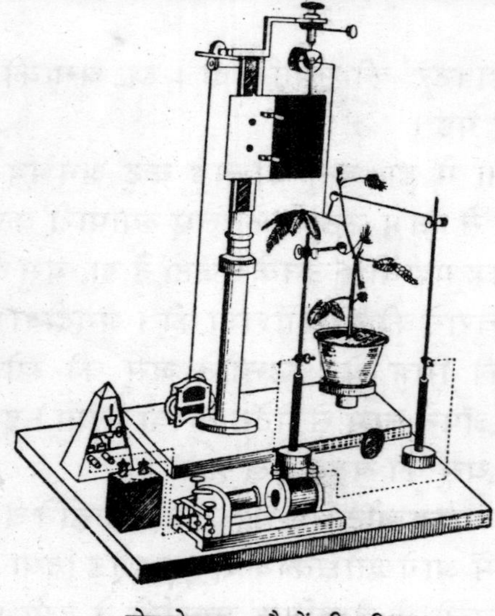

क्रेस्कोग्राफ : पौधों की वृद्धि का अतिसूक्ष्म मापन करनेवाला उपकरण

नाम का एक बहुत ही अद्‌भुत यंत्र बनाया। यह यंत्र वनस्पति के बारे में छोटी से छोटी बात की जानकारी प्राप्त कर सकता है। जगदीशचंद्र बसु ने वनस्पति जगत के बारे में जो नई बातें खोजीं, उनसे सारे संसार में तहलका मच गया। अपने प्रयोगों का प्रदर्शन करने के लिए डा. बसु कई बार यूरोप गए।

अब डा. जगदीश बसु की कीर्ति सारे संसार में फैल गई। इंग्लैंड की प्रसिद्ध रॉयल सोसायटी ने उन्हें अपना सदस्य बना लिया। भारत सरकार ने उन्हें 'सर' की उपाधि दी। पर जगदीशचंद्र बसु का कार्य अभी पूरा नहीं हुआ था। वह एक विज्ञान मंदिर की स्थापना करना चाहते थे।

जगदीशचंद्र बसु यदि चाहते तो इंग्लैंड या यूरोप के किसी देश में जाकर बस सकते थे। पर उन्हें अपना देश प्यारा था। देश में वह विज्ञान की एक भव्य प्रयोगशाला स्थापित करना चाहते थे। आखिर उनका यह सपना भी पूरा हो गया। कलकत्ता के सर्क्यूलर रोड़ पर 1917 ई. में 'बसु विज्ञान मंदिर' की स्थापना हुई। इसके लिए डा. बसु ने अपना सारा धन—पाँच लाख रुपया—दे डाला!

अपने विज्ञान-मंदिर के वास्ते धन एकत्र करने के लिए बसु ने देश-भर का दौरा किया। टिकट खरीदकर लोग बसु के भाषण सुनने जाते थे। बंबई में आयोजित एक सभा में 50,000 रुपए एकत्र हो गए थे। लेकिन जिस दान ने उन्हें सबसे ज्यादा प्रभावित किया था, वह था एक नोट, जो पश्चिम भारत की कुछ बालिकाओं ने पैसा-पैसा जमा करके 'मातृभूमि की सेवा के लिए' उन्हें अर्पित किया था।

यहाँ जगदीशचंद्र बसु और कवि रवींद्रनाथ ठाकुर की दोस्ती का थोड़ा जिक्र करना ज़रूरी है। एक दिन डा. बसु घर पर नहीं थे, तो रवि बाबू उनके घर पहुँचे और फूलों का एक गुच्छा छोड़ आए। इसके बाद ये दोनों महापुरुष मित्रता के बंधन में बँध गए। उन दिनों अंग्रेजों को सहसा यह यकीन ही नहीं होता था कि भारतीय प्रतिभा विज्ञान और साहित्य के क्षेत्र में अपनी बुद्धि का चमत्कार दिखा सकती है। उन दिनों यूरोप में रवि बाबू को कोई नहीं जानता था। एक बार डा. बसु यूरोप गए तो अपने साथ रवि बाबू की प्रसिद्ध कहानी 'काबुलीवाला'

का अंग्रेजी अनुवाद भी ले गए। उन्होंने वहाँ इस कहानी के प्रकाशन की व्यवस्था की। पहली बार यूरोपवालों को रवि बाबू की साहित्यिक प्रतिभा का परिचय मिला।

जगदीशचंद्र बसु की संसार के बड़े-बड़े लोगों ने मुक्तकंठ से प्रशंसा की है। एक अंग्रेज ने उनका जीवन-चरित्र लिखा। प्रसिद्ध नाटककार जॉर्ज बर्नार्ड शॉ ने उन्हें अपनी पुस्तकें भेंट कीं तो उन पर लिखा : 'एक नगण्य व्यक्ति द्वारा एक महानतम प्राणिशास्त्री को भेंट।' रोमा रोलाँ ने अपनी कृति 'जॉ क्रिस्तोफ' को भेंट करते समय उस पर डा. बसु के बारे में लिखा—'एक नई दुनिया के पट खोलनेवाले को'। अल्बर्ट आइंस्टाइन ने डा. बसु के आविष्कारों से मुग्ध होकर कहा था—'जगदीश बसु ने जो अमूल्य तथ्य संसार को भेंट किए हैं, उनमें से एक के लिए भी विजय-स्तंभ स्थापित करना उचित होगा।'

जगदीश बसु को अपनी मातृभाषा से बेहद प्यार था। उन्होंने बंगला में कविताएँ रचीं और ज्ञान-विज्ञान के बारे में बंगला पत्र-पत्रिकाओं में अनेक लेख भी लिखे। वे चार साल तक बंगीय साहित्य परिषद के अध्यक्ष भी रहे।

23 नवंबर, 1937 के दिन इस महान भारतीय वैज्ञानिक का देहांत हुआ, पर उन्होंने अपने शोधकार्य से विज्ञान के क्षेत्र में भारत को अगली पंक्ति में पहुँचा दिया था। उन्होंने कई योग्य शिष्यों को पैदा किया। डा.

मेघनाद साहा उन्हीं के शिष्य थे। बसु द्वारा स्थापित विज्ञान-मंदिर अब भी उनकी परंपरा को आगे बढ़ा रहा है।

प्रफुल्लचंद्र राय

जन्म : 2 अगस्त, 1861 : मृत्यु : 14 जून, 1944

प्राचीन काल में भारतीय विज्ञान संसार के किसी भी अन्य देश से पीछे नहीं था। अरबों ने हमारे देश के विज्ञान से लाभ उठाया था। उन्हीं के प्रयासों से भारतीय विज्ञान का यूरोप के देशों में प्रचार और प्रसार हुआ था। यूरोपवालों ने हमारे देश के गणित से बड़ा लाभ उठाया। आज सारे संसार में दस चिह्नों से गणना करने की अंक-पद्धति का प्रचार है। इस अंक-पद्धति का आविष्कार हमारे देश में ही हुआ था।

पर बाद में हमारे देश में विज्ञान ने उन्नति नहीं की। हमारे देश के विद्वान लकीर के फकीर बन गए थे। पुराने जमाने की सारी बातों को सही माना जाने लगा। ऐसी दशा में विज्ञान की उन्नति होना संभव नहीं था।

सोलहवीं सदी में यूरोप में ज्ञान के जागरण की नई लहर उठी। वहाँ के वैज्ञानिकों ने नए तरीकों से सोचना शुरू किया। दूरबीन का आविष्कार होने से वहाँ ज्योतिषशास्त्र की तेजी से उन्नति हुई। इधर हमारे देश में तब भी महाराजा सवाई जयसिह चूना-पत्थर के बड़े-बड़े ज्योतिष-यंत्र बनवा रहे थे। इन बड़े और भद्दे यंत्रों के स्थान पर दूरबीन और सेक्सटेंट जैसे सूक्ष्म यंत्र अपनाए जाते तो हमारा देश भी तरक्की करता।

बहुत पुराने जमाने में हमारे देश के कणाद मुनि ने 'परमाणु' की कल्पना की थी। पर बाद में परमाणु को भुला दिया गया। यूरोप में पुनः परमाणुओं के बारे में सोचा जाने लगा, प्रयोग किए जाने लगे। इससे वहाँ भौतिकशास्त्र और रसायन ने खूब उन्नति की।

करीब डेढ़ सौ साल पहले अंग्रेजों ने हमारे देश पर पूरी तरह कब्जा कर लिया था। देश में अंग्रेजी की पढ़ाई शुरू हुई। अंग्रेजी पढ़ने से हमारे देश के विद्यार्थियों को पता चला कि विज्ञान में यूरोप कितना आगे बढ़ चुका है। इससे भारतीयों की आँखें खुलीं। लोग आजादी के लिए आंदोलन कर रहे थे। पर अंग्रेजों को यह दिखा देना जरूरी था कि भारतीयों का दिमाग ज्ञान-विज्ञान में भी पिछड़ा हुआ नहीं है। जगदीशचंद्र बसु ने दिखा दिया कि भारतीय प्रतिभा भौतिक-विज्ञान और वनस्पति-विज्ञान में चमत्कार दिखा सकती है। रामानुजन ने गणित में नई खोजें करके सारे संसार को चकित कर दिया। इसी प्रकार, प्रफुल्लचंद्र राय ने रसायनशास्त्र में महत्त्वपूर्ण आविष्कार करके देश के माथे को ऊँचा उठाया।

पिछली सदी में हमारे देश में ज्ञान-विज्ञान की नई लहर उठी। इस नई लहर ने जगदीशचंद्र बसु, प्रफुल्लचंद्र राय, श्रीनिवास रामानुजन और चंद्रशेखर वेंकट रामन जैसे महान वैज्ञानिकों को जन्म दिया। इन वैज्ञानिकों ने अपने आविष्कारों से सारे संसार को चकित कर दिया। ये आधुनिक भारत की पहली पीढ़ी के वैज्ञानिक थे। इनके प्रयासों और आदर्शों से भारतीय विज्ञान को एक नई दिशा मिली।

इन वैज्ञानिकों में प्रफुल्लचंद्र राय का कार्य विशेष रूप से महत्त्व का है। वह केवल कोरे वैज्ञानिक नहीं थे। वह एक महान देशभक्त भी थे। स्वातंत्र्य-प्राप्ति के लिए उन्होंने बड़ा काम किया है। उन्होंने एक बार कहा

था—'विज्ञान इंतजार कर सकता है, स्वराज्य नहीं ।' उस समय हमारे देश का कच्चा माल इंग्लैंड में जाता था और वहाँ से तैयार होकर आई हुई चीजें हमें भारी दामों में खरीदनी पड़ती थीं । इसलिए प्रफुल्लचंद्र राय ने स्वदेशी उद्योगों की नींव डाली ।

अब जमाना बदल गया है । अब विज्ञान के अध्ययन के लिए हमारे देश में काफ़ी सुविधाएँ हैं । पर प्रफुल्लचंद्र राय के जमाने में कई कठिनाइयाँ थीं । उन कठिनाइयों का सामना करके भी उन्होंने अपने प्रयासों में सफलता पाई । उनके जीवन की बहुत-सी बातें सीखने और अनुकरण करने योग्य हैं ।

आज के बांगला देश का राढ़ुली गाँव । इसी गाँव में 2 अगस्त, 1861 ई. के दिन बालक प्रफुल्लचंद का जन्म हुआ था । उनके पिता हरिश्चंद्र राय इस गाँव के जमींदार थे । हरिश्चंद्र राय पुराने किस्म के, दकियानूसी खयालों के आदमी नहीं थे । उन्होंने अरबी-फारसी भाषाएँ पढ़ी थीं और वे अंग्रेजी भी जानते थे । वह अक्सर कलकत्ता आते-जाते रहते थे । कलकत्ते के प्रसिद्ध ठाकुर-परिवार और ईश्वरचंद्र विद्यासागर जैसे सुधारक विद्वानों से उनकी जान-पहचान थी । उन्होंने अपने गाँव में पहला स्कूल खोला था । बालक प्रफुल्ल की प्रारंभिक पढ़ाई उसी स्कूल में हुई ।

पिता यदि सुशिक्षित हो तो बच्चे पर भी उसका असर पड़ता ही है । प्रफुल्ल के पिता का अपना एक छोटा-मोटा पुस्तकालय था । प्रफुल्लचंद्र दबंग लड़कों में

से नहीं थे। बचपन के से ही उन्हें महापुरुषों के जीवन-चरित्र पढ़ने का उन्हें बेहद शौक था। पिता के पुस्तकालय में उन्हें न्यूटन, गैलीलियो, बेंजामिन फ्रेंकलिन आदि वैज्ञानिकों के जीवन-चरित्र मिल गए। प्रफुल्ल ने इन्हें बड़े चाव से पढ़ा। बेंजामिन फ्रेंकलिन के चरित्र का तो उनके ऊपर बहुत ही अधिक प्रभाव पड़ा।

बचपन में प्रफुल्लचंद्र का स्वास्थ्य अच्छा था। पर जब वह चौथे दर्जे में पढ़ रहे थे तो उन्हें पेचिश की खतरनाक बीमारी हो गई। शरीर सूखकर काँटा हो गया। सात महीनों के बाद रोग शांत हुआ। पर इस रोग का असर जीवन भर बना रहा। लेकिन प्रफुल्लचंद्र ने नियमों का पालन करके अपने स्वास्थ्य को बनाए रखा और लंबी आयु पाई।

गाँव के स्कूल की पढ़ाई खत्म होने पर हरिश्चंद्र राय आगे की पढ़ाई के लिए अपने बच्चों को कलकत्ता भेज दिया करते थे। दस साल की उम्र में प्रफुल्लचंद्र कलकत्ता आए और वहाँ हेयर स्कूल में दाखिल हो गए। यहाँ प्रफुल्ल ने लैटिन और फ्रांसीसी भाषाओं की पढ़ाई शुरू कर दी। साथ-साथ वह संस्कृत भाषा का भी अध्ययन करने लगे। बाद में जाकर भाषाओं का यह अध्ययन उनके बड़े काम आया।

मैट्रिक पास करने के बाद प्रफुल्लचंद्र ने ईश्वरचंद्र विद्यासागर द्वारा संस्थापित मेट्रोपोलिटन कालेज में इंटर की कक्षा में नाम लिखाया। यह एक राष्ट्रीय शिक्षण संस्था थी और यहाँ फीस भी कम लगती थी। अब

प्रफुल्लचंद्र ने रसायन-विज्ञान को अपना मुख्य विषय बनाने का निर्णय कर लिया था। पास के प्रेसीडेंसी कालेज में विज्ञान की पढ़ाई का अच्छा इंतजाम था। इसलिए 'बाहरी छात्र' के रूप में वह वहाँ भी जाने लगे।

इसी बीच हरिश्चंद्र राय की आर्थिक हालत कुछ बिगड़ गई। वह गाँव चले गए। इसलिए प्रफुल्लचंद्र अब होस्टल में रहने लगे। प्रफुल्लचंद्र अपने कमरे में कुछ प्रयोग भी करने लग गए थे।

इसी समय प्रफुल्लचंद्र के मन में गिलक्राइस्ट छात्रवृत्ति के इम्तहान में बैठने की इच्छा जगी। यह इम्तहान लंदन विश्वविद्यालय की मैट्रिक परीक्षा के बराबर माना जाता था। इस इम्तहान में लैटिन या ग्रीक और जर्मन भाषाओं का ज्ञान होना जरूरी था। अपने भाषा-ज्ञान को आजमाने का प्रफुल्ल के लिए यह अच्छा अवसर था। पर इस इम्तहान का सबसे बड़ा फायदा यह था कि उत्तीर्ण हो जाने पर उन्हें छात्रवृत्ति मिल जाती और आगे के अध्ययन के लिए वह इंग्लैंड जा सकते थे।

प्रफुल्लचंद्र ने गुपचुप पढ़ाई शुरू कर दी। और सचमुच ही वह इस परीक्षा में पास हो गए। इससे आगे के अध्ययन के लिए इंग्लैंड के द्वार उनके लिए खुल गए। प्रफुल्ल के इंग्लैंड जाने में आरंभ में उनकी माँ ने थोड़ी बाधा डाली, पर बाद में उन्होंने अनुमति दे दी। प्रफुल्लचंद्र इंग्लैंड के लिए रवाना हो गए।

नया देश। नए रीति-रिवाज। पर प्रफुल्लचंद्र राय को इनसे चिंता नहीं हुई। अंग्रेजों की नकल उतारना

उन्हें पसंद नहीं था। उन्होंने चोगा और चपकन बनवाई और इसी वेश में इंग्लैंड गए। उस समय वहाँ लंदन में जगदीशचंद्र बसु अध्ययन कर रहे थे। राय और बसु महाशयों में मित्रता हो गई।

प्रफुल्लचंद्र राय को एडिनबरा विश्वविद्यालय में अध्ययन करना था। उस समय यह विश्वविद्यालय विज्ञान की पढ़ाई के लिए मशहूर था। राय ने इस विश्वविद्यालय में अध्ययन शुरू कर दिया। बी.एस-सी. की परीक्षा में वह बड़ी शान से उत्तीर्ण हुए। अब 'डाक्टरेट' की तैयारी करनी थी। शोधकार्य के लिए उन्होंने विषय चुना 'कच्ची धातुओं का विश्लेषण'। इस विषय पर खोजकार्य करके प्रफुल्लचंद्र ने विश्वविद्यालय से डी.एस-सी. की उपाधि प्राप्त की।

डाक्टरेट के बाद प्रफुल्लचंद्र राय को एक साल के लिए और एक वजीफ़ा मिला। इसी बीच उन्हें एडिनबरा विश्वविद्यालय की रसायन सोसायटी ने अपना उपाध्यक्ष चुना। यह बड़े सम्मान की बात थी। अंत में उनके भारत वापिस लौटने का समय आया। इंग्लैंड के कुछ विद्वानों ने उन्हें प्रशंसापत्र भी दिए। डा. राय भारत लौट आए। वह छह साल के बाद भारत लौट रहे थे।

उस जमाने में इंग्लैंड के अंग्रेजों में और भारत के अंग्रेजों में बड़ा भेद था। इंग्लैंड के विद्वान अंग्रेज भारतीय प्रतिभाओं का सम्मान करते थे। पर भारतीय अंग्रेज अपने को शासक समझते थे और भारतीयों को गुलाम। इसलिए वे पढ़े-लिखे भारतीयों को भी अंग्रेजों के बराबर

समझने के लिए तैयार नहीं थे। किसी अंग्रेज में यदि डा. राय जैसी योग्यता होती तो उसे मोटी तनख़्वाह और ऊँचा ओहदा फ़ौरन मिल जाता। पर इंग्लैंड से इतनी ऊँची पदवी प्राप्त करके लौटने पर भी डा. राय को एक साल तक सम्मान की कोई नौकरी नहीं मिली।

वैज्ञानिक के लिए प्रयोगशाला का बड़ा महत्त्व होता है। डा. राय एक साल तक बेकार रहे। तीन साल पहले डा. जगदीशचंद्र बसु इंग्लैंड से लौट चुके थे। डा. राय कलकत्ते में बसु के घर में रहे। अंत में डा. राय के नाम सरकारी परवाना आ गया। कलकत्ता के प्रेसीडेंसी कालेज में 250 रु. के मासिक वेतन पर रसायनशास्त्र के अस्थायी प्रोफेसर के पद पर उनकी नियुक्ति हुई थी। एक विद्वान भारतीय को इतनी कम तनख्वाह देना सरासर अन्याय था। डा. जगदीशचंद्र बसु के साथ भी सरकार ने ऐसा ही सलूक किया था। पर क्या करते? अंत में डा. राय ने यह नौकरी स्वीकार कर ली। इसके बाद उनके जीवन का एक नया अध्याय शुरू हुआ।

डा. राय रसायनशास्त्र के आचार्य थे। एक दिन अपनी प्रयोगशाला में वह पारे और तेजाब से प्रयोग कर रहे थे। इससे मर्क्यूरस-नाइट्रेट नाम का एक पदार्थ (यौगिक) बनता है। इस प्रयोग के समय डा. राय को कुछ पीले-पीले कण दिखाई दिए। परीक्षा करने पर पता चला कि यह वस्तु लवण भी है और नाइट्रेट भी है। यह खोज बड़े महत्त्व की थी। वैज्ञानिकों को तब तक इस वस्तु तथा इसके गुणधर्मों के बारे में कुछ भी पता नहीं था।

उनकी यह खोज प्रकाशित हुई तो संसारभर के रसायनशास्त्रियों ने डा. राय की भूरि-भूरि प्रशंसा की।

विज्ञान और उद्योग-धंधों का गहरा संबंध है। उस जमाने में हमारे देश का कच्चा माल इंग्लैंड जाता था और वहाँ से चीजें बनकर हमारे देश में आती थीं और ऊँचे दामों में बेची जाती थीं। कोई यदि अपने ही देश में इन चीजों को बनाना चाहता तो विदेशी कंपनियाँ अपने तरीके बताने के लिए तैयार नहीं थीं। इसलिए डा. राय ने स्वदेशी उद्योगों की नींव डाली। इसके लिए डा. राय ने शुरू में अपने घर में ही एक छोटा-सा कारखाना खड़ा किया। बाद में इसने एक बड़े कारखाने का रूप लिया और आज यह 'बंगाल केमिकल्स एंड फार्मेस्युटिकल वर्क्स' के नाम से मशहूर है। आचार्य राय ने और भी कुछ स्वदेशी उद्योग स्थापित किए। इनसे प्राप्त धन को राय ने छात्रवृत्तियाँ देने, प्रयोगशालाएँ खड़ी करने और विज्ञान के नए संस्थान स्थापित करने में लगा दिया।

डा. राय ने स्वतंत्रता आंदोलन में भी खूब भाग लिया। गोपाल कृष्ण गोखले उनके गहरे मित्र थे। कलकत्ता में गांधी जी की पहली सभा कराने का श्रेय डा. राय को ही है। डा. राय ने असहयोग आंदोलन के जमाने में खूब काम किया। उन्होंने देश के कोने-कोने की यात्राएँ कीं और कांग्रेस के अधिवेशनों में भी भाग लिया। उन्होंने अपने एक भाषण में कहा था—**मैं रसायनशाला का प्राणी हूँ। मगर ऐसे भी मौके आते हैं, जब वक्त का तकाज़ा होता है कि टेस्ट-ट्यूब**

छोड़कर देश की पुकार सुनी जाए। पर डा. राय देश को स्वतंत्र हुए अपनी आँखों से नहीं देख पाए। 14 जून, 1944 को उनका देहांत हुआ।

डा. राय ने भारतीय प्रतिनिधि के रूप में इंग्लैंड की कई बार यात्राएँ की थीं। उनके इन कार्यों से विदेश में भारत का गौरव हुआ। डा. राय ने महत्त्व का एक और कार्य किया। उन्होंने दो खंडों में 'हिंदू रसायनशास्त्र का इतिहास' नामक महत्त्वपूर्ण ग्रंथ लिखा, जिससे देश-विदेश के विद्वानों को जानकारी मिली कि प्राचीन काल में भारत ने रसायन के क्षेत्र में कितनी उन्नति की थी।

जगदीशचंद्र बसु की तरह आचार्य राय का भी पक्का विश्वास था कि हमारी सांस्कृतिक परंपराओं के अंतर्गत ही भारत में आधुनिक विज्ञान का विकास संभव है। पाश्चात्य वेशभूषा का उन्होंने पूर्णतः त्याग कर दिया था। आधुनिक विज्ञान को भारतीय विज्ञान की सांस्कृतिक परंपरा के साथ जोड़ने के प्रयास से ही उन्होंने 'हिंदू रसायनशास्त्र का इतिहास' लिखा था। बसु की तरह राय भी अपनी मातृभाषा से बेहद प्यार करते थे। वे बंगीय साहित्य परिषद के दो साल तक अध्यक्ष भी रहे।

आचार्य राय का सबसे बड़ा काम था आधुनिक भारत में रसायनशास्त्र के अध्ययन को पुनः स्थापित करना। उनके बाद उनके अनेक प्रतिभाशाली शिष्यों ने इस अध्ययन को आगे बढ़ाया। डा. राय भारत में आधुनिक रसायनशास्त्र के संस्थापक थे।

श्रीनिवास रामानुजन

जन्म : 22 दिसंबर, 1887 : मृत्यु : 26 अप्रैल, 1920

गणित एक कठिन विषय माना जाता है। गणितज्ञ बनना यानी गणित में नई-नई बातें खोजना और भी कठिन है। गणितज्ञों में चोटी का गणितज्ञ बनना तो और भी कठिन होता है। श्रीनिवास रामानुजन ऐसे ही एक चोटी के भारतीय गणितज्ञ थे। उन्हें 'गणितज्ञों का गणितज्ञ' कहा गया है।

आज से लगभग साढ़े आठ सौ साल पहले हमारे देश में **भास्कराचार्य** नाम के एक महान गणितज्ञ हुए थे। उस समय हमारा देश गणित और ज्योतिष के अध्ययन में किसी भी अन्य देश से पीछे नहीं था। परंतु भास्कराचार्य के बाद हमारे देश में ज्ञान-विज्ञान की अवनति शुरू हुई। इस बीच यूरोप में विज्ञान ने खूब उन्नति की। भास्कराचार्य के बाद हमारे देश में विज्ञान की अवनति होने का कारण यह है कि पंडित लोग हर पुरानी बात को सही मानने के चक्कर में फँस गए थे और नए तरीके से सोचने का रास्ता उन्होंने छोड़ दिया था। हमारा देश रूढ़िवादिता के दलदल में फँस गया था।

लगभग दो सौ साल पहले हम पुनः यूरोप की वैज्ञानिक प्रगति के संपर्क में आए। हमारे देश में आधुनिक ढंग से विज्ञान के अध्ययन का सिलसिला शुरू हुआ। इस नए उजाले में भारतीय प्रतिभा ने पुनः अपना चमत्कार दिखाया। गणितशास्त्र के क्षेत्र में जिस व्यक्ति ने पहली बार हमारा माथा संसार के सामने ऊँचा किया, वह थे श्रीनिवास रामानुजन।

श्रीनिवास रामानुजन का जीवन अपने-आप में एक

करुण कहानी है। तमिलनाडु के तंजावूर जिले में कुंभकोणम् नाम का एक प्रसिद्ध शहर है। रामानुजन के पिता इसी कुंभकोणम् नगर में एक व्यापारी की दुकान पर मुनीम की नौकरी करते थे। विवाह के बाद उन्हें बहुत दिनों तक कोई संतान नहीं हुई, तो रामानुजन के नाना ने पास की नामगिरी देवी की मनौती मानी। कुछ दिनों बाद 22 दिसंबर, 1887 ई. को बालक रामानुजन का जन्म हुआ।

रामानुजन की आरंभिक पढ़ाई कुंभकोणम् के हाईस्कूल में हुई। वह हमेशा पहली श्रेणी में उत्तीर्ण होते थे। स्वभाव से शांत थे और उनकी स्मरण-शक्ति गज़ब की थी। बचपन से ही गणित में उनकी गहरी रुचि थी। गणित की पहेलियों से वह अपने सहपाठियों का मनोरंजन किया करते थे। गणित की अपनी पाठ्यपुस्तकों को वह पहले ही खत्म कर लेते थे। इसलिए वह आगे की कक्षाओं की गणित की पुस्तकें पढ़ते रहते थे। एक बार उनके हाथ में उच्च गणित की एक पुस्तक लग गई। फिर क्या था! इस पुस्तक में वह ऐसे खो गए कि रात-दिन भूल गए। इसे पढ़ते-पढ़ते उन्होंने गणित के बहुत से नए फार्मूले खोज निकाले। चूँकि उस समय रामानुजन के पास उच्च गणित की यही एक पुस्तक थी, इसलिए उन्हें यह मालूम नहीं था कि उन्होंने जो फार्मूले खोजे थे उनमें से बहुत-से फार्मूले दूसरे गणितज्ञों ने पहले से ही खोजे थे। लेकिन इससे रामानुजन की स्वतंत्र खोज

का महत्त्व कम नहीं होता। उस समय वह हाईस्कूल की कक्षा के विद्यार्थी थे।

रामानुजन ने 16 साल की आयु में मैट्रिक की परीक्षा दी। उच्च क्रमांकों से उत्तीर्ण होने के कारण आगे की पढ़ाई के लिए उन्हें छात्रवृत्ति मिली। वह इंटर में दाखिल हुए। गणित के प्रति गहरा लगाव था, इसलिए वह अपना अधिकतर समय गणित की पढ़ाई में ही खर्च करते थे। दूसरे विषयों का उनका अध्ययन कच्चा था। नतीजा यह हुआ कि वह इंटर की परीक्षा में फेल हो गए। अब क्या किया जाए ? पिता की आर्थिक हालत अच्छी नहीं थी, इसलिए रामानुजन कुछ समय के लिए मद्रास चले गए। 1900 ई. में वह पुनः परीक्षा में बैठे। पुनः फेल हो गए ! इसके बाद उन्होंने परीक्षा का खयाल छोड़ दिया और स्वतंत्र रूप से गणित का अध्ययन करते रहे। वे अपनी गवेषणाएँ अपनी नोटबुकों में नमूद करने लगे।

सन् 1909 ई. में रामानुजन का विवाह हुआ। परिवार का बोझ सिर पर आया। अब वह नौकरी की तलाश करने लगे। इस सिलसिले में दीवान बहादुर रामचंद्रराव से रामानुजन का परिचय हुआ। रामचंद्रराव कलेक्टर थे, पर बड़े दयालु व्यक्ति थे। वह गणितशास्त्र के प्रेमी थे। रामानुजन जब रामचंद्रराव के सामने उपस्थित हुए तो इस छोटे कद के दुबले-पतले, मामूली कपड़े पहने, किंतु चमकीली आँखों वाले तरुण का उनके ऊपर गहरा प्रभाव पड़ा। रामानुजन ने उन्हें अपनी नोटबुकें दिखाईं, जिनमें उनके खोजे हुए गणित के

CHAPTER V

Let $F_1(x) = e^x - 1$, $F_2(x) = e^{e^x-1} - 1$,

$F_3(x) = e^{e^{e^x-1}-1} - 1$, $F_4(x) = e^{e^{e^{e^x-1}-1}-1} - 1$, $F_5(x) = e^{e^{e^{e^{e^x-1}-1}-1}-1} - 1$ &c &c

Now let us try to find the expansion of $F_n(x)$

(1) In ascending powers of x }
(2) In ascending powers of n }

Let $e^{e^{\cdot^{\cdot^{\cdot^{e^{e^x-1}}}}-1}-1} - 1$ (n times) $= F_n(x) = x\,\phi_1(n) + x^2\phi_2(n) + x^3\phi_3(n) + \&c$

$= f_0(x) + n f_1(x) + n^2 f_2(x) + n^3 f_3(x) + \&c$

then $\log_e\left[1 + \log_e\left\{1 + \log_e\left(1 + \cdots + \log_e \overline{1+x}\right)\right\}\right]$ logarithms being taken n times

$= F_{-n}(x) = x\,\phi_1(-n) + x^2\phi_2(-n) + x^3\phi_3(-n) + \&c$

$\ldots - n f(x) + n^2 f(x) - n^3 f(x) + \&c$

Sol. We have $e^{F_{n-1}(x)} - 1 = F_n(x)$. $\therefore F_{n-1}(x) = \log_e\{1 + F_n(x)\}$

$\therefore F_0(x) = x \quad \therefore F_{-1}(x) = \log_e(1+x) \quad \therefore F_{-2}(x) = \log_e\{1 + \log_e(1+x)\}$ &c &c

Cor $F_0(x) = x$ and $f_0(x) = x$.

2. $$\frac{d\,F_n(x)}{dx} \div \frac{d\,F_{n-1}(x)}{dx} = 1 + F_n(x)$$

Sol. $e^{F_{n-1}(x)} - 1 = F_n(x) \quad \therefore F_{n-1}(x) \quad \log_e\{1 + F_n(x)\}$

Differentiating both sides with regards to x we have

$$\frac{d\,F_n(x)}{dx} = \{1 + F_n(x)\}\frac{d\,F_{n-1}(x)}{dx}$$

Cor. 1 $$\frac{d\,F_n(x)}{dx} = \{1 + F_1(x)\}\{1 + F_2(x)\}\{1 + F_3(x)\}\cdots\{1 + F_n(x)\}.$$

रामानुजन की नोटबुक का एक पृष्ठ

फार्मूले लिखे हुए थे। रामानुजन ने रामचंद्रराव से अपने दिल की बात बता दी। रामानुजन नौकरी केवल इसलिए चाहते थे कि उनको खाने-पीने की सुविधा मिले, ताकि वह दूसरे पर निर्भर रहे बिना गणित का अपना अध्ययन जारी रख सकें।

कुछ समय तक रामानुजन का खर्च रामचंद्रराव ने स्वयं दिया। कोशिश करने पर भी वह रामानुजन के लिए कोई छात्रवृत्ति प्राप्त नहीं करवा सके। रामानुजन को दूसरे पर बोझ बने रहना पसंद नहीं था। कुछ दिनों बाद उन्होंने मद्रास पोर्ट ट्रस्ट के आफिस में 30 रुपए मासिक की नौकरी स्वीकार कर ली।

बहुत-से लोग नौकरी स्वीकार करते ही पढ़ाई-लिखाई छोड़ देते हैं। परंतु रामानुजन ने पैसे कमाने के लिए नौकरी नहीं की थी। नौकरी के साथ-साथ वह गणित का अध्ययन भी करते रहे। उन्होंने अपनी गणितीय गवेषणा के बारे में एक लेख तैयार किया। उनका यह लेख 1911 ई. में गणित की एक पत्रिका में प्रकाशित हुआ। उस समय रामानुजन की आयु केवल 23 साल की थी। अगले साल रामानुजन ने अपने दो और लेख प्रकाशित करवाए।

गणितशास्त्र में कुछ नया खोजकर लेख प्रकाशित करना बहुत बड़ी बात मानी जाती है। लेख प्रकाशित होने से विद्वानों को रामानुजन की प्रतिभा का पता चला। मद्रास इंजीनियरिंग कालेज के प्राध्यापक ग्रिफीथ महाशय और मद्रास पोर्ट ट्रस्ट के चेयरमैन फ्रांसिस स्प्रिंग ने

रामानुजन की बड़ी सहायता की। ये सज्जन चाहते थे कि रामानुजन को इंग्लैंड भेजा जाए।

उस समय इंग्लैंड के प्रख्यात गणितज्ञ **डाक्टर जी.एच. हार्डी** की खूब चर्चा थी। हितैषियों की सलाह से रामानुजन ने डा. हार्डी से पत्र-व्यवहार शुरू कर दिया। जनवरी 1913 में रामानुजन ने डा. हार्डी को जो पत्र लिखा, वह इस प्रकार था :

मान्यवर,

मैं यहाँ मद्रास पोर्ट ट्रस्ट के आफिस में एक मामूली क्लर्क हूँ। विश्वविद्यालय की उच्च शिक्षा तो मैं हासिल नहीं कर सका, किंतु स्कूल की पढ़ाई पूरी कर चुका हूँ। स्कूल छोड़ने के बाद से अपना शेष समय मैं गणित के अध्ययन में खर्च करता रहा हूँ। विश्वविद्यालय में पढ़ाए जानेवाले गणित से यद्यपि मैं परिचित नहीं हूँ, फिर भी स्वतंत्र रूप से मैंने गणितशास्त्र में कुछ नए सिद्धांत खोज निकाले हैं। यहाँ के गणितज्ञ इस खोज को 'अद्‌भुत' मानते हैं।

इस पत्र के साथ मैं अपनी कुछ गवेषणाएँ भेज रहा हूँ। आपसे मेरा सविनय अनुरोध है कि आप मेरे इन लेखों को देखें। मैं एक गरीब भारतीय हूँ। मेरे इन लेखों में यदि कुछ भी नवीनता है तो आप इनके प्रकाशन में अवश्य मदद करेंगे। आप इस विषय के ज्ञाता हैं। आपकी प्रेरणा से मुझे प्रोत्साहन मिलेगा। कष्ट के लिए क्षमा चाहता हूँ।

विनीत,

रामानुजन

रामानुजन की इन खोजों को देखकर डा. हार्डी बड़े प्रभावित हुए। उन्होंने इनके प्रकाशन की भी व्यवस्था कर दी। साथ ही, डा. हार्डी रामानुजन को इंग्लैंड बुलाने की कोशिश करते रहे। उनके तथा अन्य हितैषियों के प्रयत्न से मद्रास विश्वविद्यालय ने रामानुजन को विदेश जाने के लिए छात्रवृत्ति देना स्वीकार कर लिया। 10 मार्च, 1914 को रामानुजन इंग्लैंड के लिए रवाना हुए।

रामानुजन इंग्लैंड पहुँच गए। डा. हार्डी को इससे बड़ी खुशी हुई। साथ ही उनके सामने एक बड़ी समस्या आ खड़ी हुई। रामानुजन ने उच्च गणित का विधिवत् अध्ययन नहीं किया था। गणित की कुछ बातों पर रामानुजन का पूर्ण अधिकार था। परंतु कुछ ऐसी भी बातें थीं जिनकी रामानुजन को बहुत कम जानकारी थी। इसलिए रामानुजन जैसी प्रतिभा को पढ़ाने की जिम्मेदारी डा. हार्डी ने स्वयं अपने ऊपर ले ली। फिर भी, डा. हार्डी ने अंत में स्वीकार किया था—"रामानुजन को जितना कुछ मैंने पढ़ाया, उससे कहीं अधिक मैंने उनसे सीखा है।"

रामानुजन ब्राह्मण कुल में पैदा हुए थे। वह धर्म-कर्म को मानते थे और कड़ाई से उनका पालन करने के आदी थे। इंग्लैंड में रहते समय वह अपना भोजन स्वयं पकाते थे—शाकाहारी भोजन। इंग्लैंड की कड़ी सर्दी, तिस पर कड़ा परिश्रम। स्वास्थ्य पर असर होना स्वाभाविक था। 1917 ई. में तपेदिक के लक्षण दिखाई देने लगे, तो उन्हें अस्पताल में भर्ती कर दिया गया।

इधर उनके लेख उच्चकोटि की पत्रिकाओं में प्रकाशित होने लग गए थे। उनकी ये गवेषणाएँ इतनी महत्त्वपूर्ण थीं कि इंग्लैंड की प्रख्यात संस्था 'रॉयल सोसायटी' ने 1918 ई. में रामानुजन को अपना फैलो बना लिया। इससे रामानुजन का उत्साह और भी अधिक बढ़ा और वह खोजकार्य में जोर-शोर से जुट गए।

प्रथम महायुद्ध के समाप्त होने पर 1919 ई. में रामानुजन स्वदेश लौट आए। स्वास्थ्य-लाभ के लिए उन्हें कावेरी नदी के तट पर स्थित कोदमंडी गाँव में रखा गया। परंतु स्वास्थ्य मे सुधार नहीं हुआ। अंत में, 26 अप्रैल, 1920 ई. को, केवल 33 वर्ष की अल्पायु में, इस महान गणितज्ञ ने अपने प्राण त्याग दिए।

हम पहले ही बता चुके हैं कि रामानुजन 'गणितज्ञों के गणितज्ञ' थे। इसलिए उनकी गवेषणाओं को सरल भाषा में समझाना कठिन है। फिर भी, इतना जानना जरूरी है कि उन्होंने गणित के किस क्षेत्र में खोजकार्य किया है।

गणितशास्त्र को मोटे तौर पर मुख्यतः दो भागों में बाँटा जाता है : शुद्ध गणित और उपयोगी गणित। गणित के जिन आविष्कारों का विज्ञान में उपयोग होता है, उसे उपयोगी गणित कहते हैं। गणित के जिन आविष्कारों का विज्ञान में तत्काल उपयोग होता दिखाई नहीं देता, उसे शुद्ध गणित कहते हैं। रामानुजन ने जो और जितना कुछ खोजा है उसे शुद्ध गणित कहा जाता है। शुद्ध गणित कालांतर में उपयोगी गणित में बदला

जा सकता है । रामानुजन की कई गवेषणाएँ आरंभ मे शुद्ध गणित थीं, परंतु अब इनमें से कुछ का विज्ञान में इस्तेमाल होने लग गया है ।

शुद्ध गणित एक व्यापक विषय है । इसमें संख्याशास्त्र को ऊँचा स्थान प्राप्त है । 1, 2, 3, . . . , 400 जैसी संख्याएँ और + ×, 0, ÷ जैसी क्रियाओं के मेल से जो गणित रचा जाता है, उसे हम संख्याशास्त्र कह सकते हैं । कोई कहेगा, इसमें कौन-सी बड़ी बात है ? यह सब तो हम अंकगणित में पढ़ते ही हैं । किंतु बात इतनी सरल नहीं है । 1, 2, 3, . . . जैसी संख्याओं के अनंत क्रम में बहुत-से रहस्य छिपे हुए हैं । इन संख्याओं के कुछ रहस्यों का पता अभी तक बड़े-बड़े गणितज्ञ भी नहीं लगा पाए हैं । रामानुजन ने गणित के इस क्षेत्र में ऐसे ही कुछ रहस्यों की खोज की ।

$$\frac{1}{\pi} = 2\sqrt{2} \sum_{n=0}^{\infty} \frac{(\frac{1}{4})_n (\frac{1}{2})_n (\frac{3}{4})_n}{(1)_n (1)_n n!} (1103 + 26390n) \left(\frac{1}{99}\right)^{4n+2}$$

रामानुजन का एक सूत्र । कंप्यूटर का उपयोग करके इस सूत्र की सहायता से π (पाई) का मान 1,70,00,000 दशमलव स्थानों तक प्राप्त करना संभव हुआ है ।

संख्याशास्त्र का एक उदाहरण लीजिए । कोई भी पूर्णांक ले लीजिए; जैसे, 3 । इस संख्या को हम तीन भिन्न रूपों में इस प्रकार लिख सकते हैं : 3 + 0, 1 + 2, 1 + 1 + 1 । जाहिर है कि संख्या 3 को इनके अलावा किसी

भिन्न तरीके से पूर्णांकों में विभक्त नहीं किया जा सकता। इसी प्रकार 4 और 5 को हम यों विभक्त कर सकते हैं–

$$4 = 4 + 0, 3 + 1, 2 + 2,$$
$$2 + 1 + 1, 1 + 1 + 1,$$
$$5 = 5 + 0, 4 + 1, 3 + 2, 3 + 1 + 1,$$
$$2 + 1 + 1 + 1, 1 + 1 + 1 + 1 + 1;$$

लेकिन यह छोटी संख्याओं की बात हुई। यदि 80,000 जैसी कोई बड़ी संख्या हो तो उसे इसी तरीके से किस प्रकार विभक्त करेंगे ? रामानुजन ने 1917 ई. में ऐसी ही बड़ी संख्याओं को विभक्त करने के लिए एक फ़ार्मूला खोज निकाला था।

शुद्ध गणित के क्षेत्र में खोज करनेवाले बहुत-से गणितज्ञ गणितशास्त्र को एक खेल मानते हैं। रामानुजन ऐसे ही एक महान गणितज्ञ थे। अंकों और जोड़, गुना, भाग आदि के चिह्नों के साथ एक प्रकार का खेल खेलते हुए वह गणित के अद्भुत नियम खोज निकालने में समर्थ थे। कहा जाता है कि 10,000 तक की संख्याओं के साथ रामानुजन की गहरी दोस्ती थी।

एक बार का किस्सा है। रामानुजन अस्पताल में थे। डा. हार्डी टैक्सी में बैठकर उन्हें देखने अस्पताल पहुँचे। टैक्सी का नंबर था 1729। रामानुजन से मिलने पर डा. हार्डी ने सहज भाव से कह ही दिया, कि यह एक अशुभ संख्या है। बात यह थी कि 1729 = 7 × 13 × 19। यहाँ आप देखेंगे कि 1729

का एक गुणनखंड 13 की संख्या है। यूरोप के अंधविश्वासी लोग इस 13 संख्या से भय खाते हैं। वह संख्या 13 को अशुभ मानते हैं। वह 13 संख्यावाली कुर्सी पर बैठने से बचेंगे, 13 संख्यावाले कमरे में ठहरने से बचेंगे। इसलिए डा. हार्डी ने रामानुजन से कहा था कि 1729 एक अशुभ संख्या है। लेकिन रामानुजन ने झट जवाब दिया—नहीं, यह एक अद्‌भुत संख्या है। यह वह सबसे छोटी संख्या है, जिसे हम दो घन संख्याओं के जोड़ से दो तरीकों में व्यक्त कर सकते हैं; जैसे—

$$1729 = 12^3 + 1^3,$$
$$= 10^3 + 9^3;$$

ऐसी विलक्षण प्रतिभा थी रामानुजन की। उनके जीवन की कुछ बातें भी बड़ी विलक्षण हैं। वह कहा करते थे कि नामगिरी देवी उनके सपनों में आकर गणित के फार्मूले खोजने में उन्हें मदद करती है। परंतु हम जानते हैं कि रामानुजन की प्रतिभा का रहस्य किसी देवी-देवता की मदद में नहीं, बल्कि उनके अपने दिमाग में, उनकी लगन में और उनके कठोर परिश्रम में निहित था।

संसार के महापुरुषों की जीवनियों को पढ़ने से पता चलता है कि उनमें दो-चार विचित्र बातें अवश्य मौजूद रहती हैं। रामानुजन में भी कुछ ऐसी ही विचित्रताएँ मौजूद थीं। कहते हैं कि वह जब इंग्लैंड में थे तो उन्होंने लंदन की भूमिगत रेल की पटरी पर लेटकर आत्महत्या

करने की कोशिश की थी। किंतु संयोग से उनकी जान बच गई।

रामानुजन के गुरु डा. हार्डी भी जानते थे कि रामानुजन का जीवन विचित्रताओं और विरोधों से भरा हुआ था। फिर भी, उन्होंने स्वीकार किया है कि रामानुजन एक महान गणितज्ञ थे। बीसवीं शताब्दी के गणितज्ञों में स्वयं डा. हार्डी एक उच्च कोटि के गणितज्ञ माने जाते हैं। इतना होने पर भी डा. हार्डी ने स्वयं स्वीकार किया है कि उन्हें इस बात का गर्व है कि रामानुजन जैसे महान गणितज्ञ के साथ खोजकार्य करने का उन्हें सुअवसर मिला था। रामानुजन की महानता के लिए इससे बड़ा प्रमाणपत्र कोई दूसरा नहीं हो सकता।

रामानुजन की मृत्यु के बाद उनके प्रकाशित लेख डा. हार्डी के सहयोग से संपादित होकर प्रकाशित हुए। एक स्वतंत्र ग्रंथ में डा. हार्डी ने रामानुजन की गवेषणाओं का विवेचन किया है। रामानुजन ने अपनी आरंभिक गवेषणाएँ अपने दो-तीन नोटबुकों में उतारी थीं। अब ये नोटबुक प्रकाशित हो चुके हैं। देश-विदेश के अनेक गणितज्ञ रामानुजन के नोटबुकों के गणितीय सूत्रों का स्पष्टीकरण करने में जुटे हुए हैं।

चंद्रशेखर वेंकट रामन

जन्म : 7 नवंबर, 1888 : मृत्यु : 21 नवंबर, 1970

आज से लगभग नब्बे साल पहले का किस्सा है। वह अंग्रेजी शासन का जमाना था। अंग्रेजों ने आधुनिक ढंग की पढ़ाई के लिए हमारे देश में कुछ बढ़िया कालेज स्थापित किए थे। इन्हीं कालेजों में से एक था मद्रास का प्रेसीडेंसी कालेज।

सन् 1902 का नया सत्र शुरू हुआ था। कालेज में पहले दिन की चहल-पहल थी। कुछ पुराने विद्यार्थी थे, तो कुछ नए। बी. ए. की कक्षा थी। नए विद्यार्थी अपनी सीटों पर बैठे थे और प्राध्यापक के आने की प्रतीक्षा कर रहे थे। प्राध्यापक थे एक अंग्रेज इलियट महाशय। क्लास में पहुँचकर उन्होंने नए विद्यार्थियों पर एक नजर दौड़ाई। इन विद्यार्थियों में से एक विद्यार्थी पर उनकी नजर टिकी रह गई। प्राध्यापक उस विद्यार्थी के पास पहुँचे और उन्होंने पूछा–

"क्या तुम सचमुच इसी क्लास के विद्यार्थी हो?"

"जी हाँ, मैं इसी क्लास का विद्यार्थी हूँ।"

"तुम्हारी उम्र कितनी है?"

"13 साल।"

"तुमने इंटर का अध्ययन किस कालेज में किया?"

"वाल्तेयर के कालेज में।"

"तुम्हारा नाम?"

"चंद्रशेखर वेंकट रामन।"

उस समय के प्रेसीडेंसी कालेज के उस दुबले-पतले, छोटे कद के विद्यार्थी ने 28 साल बाद विज्ञान का विख्यात नोबेल पुरस्कार प्राप्त करके सबको चकित कर दिया।

विज्ञान के क्षेत्र में असाधारण खोज करनेवाले को ही यह सबसे ऊँचा नोबेल पुरस्कार प्रदान किया जाता है। रामन पहले भारतीय वैज्ञानिक थे, जिन्हें इस पुरस्कार से सम्मानित किया गया।

पिछली शताब्दी में हमारे देश में बौद्धिक जागरण के नए युग का आरंभ हुआ। सदियों से भारतीय ज्ञान-विज्ञान मुर्दा सोया हुआ था। अंग्रेजी शिक्षा के माध्यम से जब हमारे भारतीय विद्यार्थियों को पश्चिम के बढ़े-चढ़े विज्ञान का परिचय मिला तो उसे देखकर उनकी हिम्मत पस्त नहीं हुई। पश्चिम के विज्ञान से परिचित होते ही, पहले दौर में ही, हमारे देश ने प्रफुल्लचंद्र राय, जगदीशचंद्र बसु और रामन जैसे चोटी के वैज्ञानिक पैदा किए।

आजकल देखा जाता है कि हमारे तरुण प्रतिभाशाली विद्यार्थियों को विदेश जाकर पढ़ाई करने का शौक चर्रा गया है। कुछ वैज्ञानिक इस ख्याल से बाहर चले जाते हैं कि बाहर पढ़ाई का बेहतर इंतजाम रहता है। कई वैज्ञानिक बाहर जाकर बाहर के ही हो जाते हैं। डा. रामन इन बातों के कट्टर विरोधी थे। उन्होंने अपना सारा अध्ययन अपने देश में ही किया और उनका सारा अनुसंधान-कार्य इसी देश में हुआ।

डा. रामन का जीवन एक तपस्वी का जीवन था, विज्ञान के एक सच्चे साधक का जीवन। अपने जीवन में वह एक आदर्श भारतीय थे, परंतु विज्ञान के साधक के रूप में वह विश्व के नागरिक थे। विज्ञान के सर्वोच्च

शिखर पर पहुँचकर भी उनके जीवन और उनकी साधना की जड़ें भारतीय भूमि में जमी हुई थीं। उनके जीवन का हर दौर इस आदर्श का परिचायक था।

रामन के पिता चंद्रशेखर स्वयं एक गणितज्ञ थे और वह विजगापट्टम के कालेज में प्राध्यापक थे। वह ज्योतिषशास्त्र और संगीतशास्त्र के भी ज्ञाता थे। पिता के बौद्धिक गुण पुत्र में हू-ब-हू उतर आए।

वेंकट रामन का जन्म तमिलनाडु के तिरुचिरापल्ली नगर में 7 नवंबर, 1888 में हुआ था। केवल 12 वर्ष की अल्पायु में उन्होंने मैट्रिक की परीक्षा पास की और 19 साल की आयु में एम. ए. की परीक्षा। एम. ए. की परीक्षा में उन्होंने विश्वविद्यालय भर में सर्वोच्च स्थान प्राप्त किया। उन दिनों मद्रास विश्वविद्यालय विज्ञान के विद्यार्थियों को भी एम. ए. की ही उपाधि प्रदान करता था।

रामन एम. ए. में पढ़ रहे थे, उस समय का किस्सा है। उन्होंने विज्ञान से संबंधित अपनी एक खोज के बारे में एक लेख लिखा। इस निबंध में उन्होंने प्रकाश की किरणों के गुणधर्मों के बारे में नई बातें लिखी थीं। रामन ने अपना यह निबंध अपने एक अंग्रेज अध्यापक को जाँचने के लिए दिया। विज्ञान की प्रसिद्ध पत्रिकाओं के बारे में यह एक नियम-सा बन गया है कि जब कोई प्रसिद्ध विद्वान उस निबंध को अपनी मंजूरी के साथ प्रकाशनार्थ भेजें, तभी वह प्रकाशित हो सकता है। रामन के उस निबंध को उनके प्राध्यापक बहुत दिनों तक

अपने पास रखे रहे। रामन ने उन्हें एक-दो बार याद भी दिलाई। अंत में रामन ने उसकी एक नई कापी तैयार की और उसे इंग्लैंड की प्रसिद्ध विज्ञान-पत्रिका 'फिलासोफिकल मैगजीन' में प्रकाशनार्थ भेज दिया। निबंध खोजपूर्ण था। इसलिए वह उस पत्रिका में प्रकाशित हो गया। रामन के अध्यापक ने जब उस प्रकाशित निबंध को देखा, तो वह चकित रह गए। रामन ने उनकी मध्यस्थता की उपेक्षा की थी, इसलिए वह थोड़े नाराज भी हो गए। पर अंत में उन्हें यह देखकर खुशी हुई कि उनके ही एक विद्यार्थी का लेख इंग्लैंड की एक प्रसिद्ध विज्ञान-पत्रिका में प्रकाशित हुआ है।

विज्ञान में रामन की गहरी रुचि थी। आगे के अध्ययन के लिए वह इंग्लैंड जाना चाहते थे। सरकारी छात्रवृत्ति की व्यवस्था भी हो गई थी। किंतु डाक्टरी परीक्षा में उनकी गाड़ी अटक गई। डाक्टर की राय रही कि रामन जैसा दुबला-पतला व्यक्ति समुद्री-यात्रा की कठिनाइयाँ और इंग्लैंड की कड़ी सर्दी को सह नहीं पाएगा। रामन का इंग्लैंड जाना रुक गया।

अब क्या किया जाए? रामन सरकारी लेखा विभाग की परीक्षा में बैठे और उत्तीर्ण हुए। कलकत्ता में सहायक महालेखापाल (डिप्टी एकाउंटेंट जनरल) के पद पर उनकी नियुक्ति हुई। उस समय रामन की उम्र थी केवल 19 साल। नौकरी लग जाने पर कृष्णस्वामी अय्यर की सुपुत्री त्रिलोकसुंदरी के साथ रामन की शादी भी हो गई।

अच्छी खासी आमदनी वाली नौकरी मिल गई थी।

रामन अब एक अफसर थे। उन्हें एक सुशील जीवनसंगिनी भी मिल गई थी। ऐसी हालत में कौन भला अपने जीवन को सुखी नहीं मानेगा। पर रामन का चित्त अशांत था। वजह यह थी कि अभी उन्हें अपनी मनपसंद चीज नहीं मिली थी। यह चीज़ थी विज्ञान में अनुसंधान-कार्य कर सकने की सुविधा। इसी चीज की उन्हें तलाश थी, इसीलिए उनका चित्त अशांत था। आखिर उन्हें अपनी मनचाही चीज मिल ही गई।

एक दिन की बात है। रामन ट्राम में बैठकर आफिस से घर लौट रहे थे। रास्ते में उन्हें एक मकान के सामने **इंडियन एसोसिएशन फॉर कल्टिवेशन आफ साइंस** (भारतीय विज्ञान परिषद) का बोर्ड दिखाई दिया। उस बोर्ड को देखकर वह चलती ट्राम से नीचे कूद गए। जा पहुँचे परिषद के भवन के भीतर। उस समय वहाँ परिषद के सदस्यों की बैठक चल रही थी। बैठक में सर आशुतोष मुकर्जी जैसे विद्वान मौजूद थे। रामन ने अपना परिचय दिया और बाद में उन्होंने मुकर्जी महाशय को अपने प्रकाशित लेख भी दिखाए। इस विज्ञान परिषद की स्थापना डा. महेंद्रलाल सरकार ने 1876 ई. में की थी। उस समय वैज्ञानिक अनुसंधान-कार्य के लिए देशभर में यही एक संस्था थी।

रामन अब भारतीय विज्ञान परिषद की प्रयोगशाला में प्रयोग करने लगे। दिनभर आफिस का काम देखते और सुबह-शाम प्रयोगशाला में बिताते। प्रयोगशाला में वैज्ञानिक उपकरणों की पूरी सुविधा न होने पर भी

रामन ने कई महत्त्वपूर्ण आविष्कार किए, जिससे उनकी ख्याति देश-विदेश में फैलने लगी। रामन अब खुश थे। परिषद भी उनके जैसे प्रतिभाशाली वैज्ञानिक को पाकर गौरव का अनुभव करने लगी। परंतु खुशी का यह दौर अधिक दिनों तक नहीं चल पाया। रामन की बदली बर्मा के रंगून शहर में हो गई। उस समय भारत की तरह बर्मा पर भी अंग्रेजों का शासन था। रामन रंगून चले तो गए, किंतु वहाँ उनका मन नहीं लगता था। वहाँ प्रयोग करने के लिए सुविधा नहीं थी। रंगून में उनका दिल कितना बेचैन था, यह एक घटना से पता चलता है। एक दिन उन्हें पता चला की रंगून से कुछ दूर के एक स्कूल में विज्ञान के नए उपकरण आए हैं। रामन उन उपकरणों को देखने के लिए उतावले हो उठे। रात को, पत्नी को बिना बताए, वह अकेले ही उस स्कूल की ओर चल पड़े और उन्हें देखकर सुबह तक घर वापस लौट आए।

इन्हीं दिनों रामन के पिता की मृत्यु हुई। छह महीने की छुट्टी लेकर रामन मद्रास चले आए। छुट्टियाँ पूरी हुईं तो रामन की नागपुर में बदली हुई। यहाँ पर उन्होंने अपनी ही एक प्रयोगशाला खड़ी की और प्रयोग करने लगे।

सन् 1911 ई. में रामन को एकाउंटेंट जनरल के पद पर नियुक्त करके पुनः कलकत्ता भेज दिया गया। परिषद की प्रयोगशाला में पुनः प्रयोग करने का अवसर मिला, तो उन्हें बड़ी प्रसन्नता हुई। आगे के सात साल तक वह इस प्रयोगशाला में खोजकार्य करते रहे।

इन्हीं दिनों सर तारकनाथ पालित, डा. रासबिहारी घोष और सर आशुतोष मुकर्जी के प्रयत्नों से कलकत्ते में एक साइंस कालेज खोला गया। कालेज के भौतिकी विभाग के लिए एक योग्य प्राध्यापक की जरूरत थी। सर आशुतोष का ध्यान रामन की ओर गया। किंतु इस बारे में रामन से बात करने की उनकी हिम्मत नहीं हुई। उनका खयाल था कि रामन इतनी बड़ी नौकरी छोड़कर कम वेतन वाले प्राध्यापक पद पर आना पसंद नहीं करेंगे।

लेकिन रामन को जब इस बात की खबर मिली तो उन्होंने सरकारी नौकरी से फौरन इस्तीफा दे दिया। परंतु एक कठिनाई और थी। उन दिनों अंग्रेजों ने यह नियम बना दिया था कि साइंस कालेज में नियुक्त होनेवाला प्राध्यापक यूरोप के किसी विश्वविद्यालय में पढ़ा हुआ होना चाहिए और उसके पास वहाँ की डिग्री होनी चाहिए। विदेशी डिग्री की बात तो दूर रही, रामन अभी विदेश भी नहीं गए थे। अंत में यह बाधा भी दूर हुई और 1917 ई. में रामन कलकत्ता विश्वविद्यालय में भौतिक विज्ञान के प्राध्यापक नियुक्त हुए।

रामन पहली बार 1921 ई. में विदेश गए। लंदन में ब्रिटिश राष्ट्रमंडल के विश्वविद्यालयों का एक सम्मेलन हो रहा था। उस समय कलकत्ता विश्वविद्यालय का खूब नाम था। रामन ने उस सम्मेलन में अपने विश्वविद्यालय का प्रतिनिधित्व किया। रामन की ख्याति पहले ही यूरोप के देशों में फैल चुकी थी। इस बार

रामन के विद्वत्तापूर्ण व्याख्यानों को सुनकर वहाँ के विद्वान बड़े प्रभावित हुए।

रामन के खोजकार्य का मुख्य विषय रहा है, प्रकाश की किरणों के गुणधर्मों का अध्ययन। इस विदेश-यात्रा के समय उनके जीवन में एक महत्त्वपूर्ण घटना घटी। उनका जहाज जब भूमध्य सागर से गुजर रहा था तो इस सागर के नीले रंग को देखकर उनका वैज्ञानिक मस्तिष्क गहरे चिंतन में डूब गया। इस नीले रंग का कारण क्या है? उस समय तक इस प्रश्न का किसी के पास संतोषजनक उत्तर नहीं था। रामन इस रहस्य की खोज में जुट गए। सात साल तक कड़ी मेहनत के बाद उन्होंने इसका हल खोज निकाला। उनकी यह खोज 'रामन प्रभाव' के नाम से प्रसिद्ध है। अपनी इस खोज को उन्होंने 1928 ई. में प्रकाशित किया।

'रामन-प्रभाव' की खोज 28 फरवरी 1928 ई. में हुई थी। इस महान घटना की याद में अब 28 फरवरी का दिन हमारे देश में 'राष्ट्रीय विज्ञान दिवस' के रूप में मनाया जाता है।

पानी या अन्य किसी द्रव में यदि किसी एक रंग की प्रकाश-किरणें छोड़ी जाएँ तो उसी रंग का प्रकाश परावर्तित होकर वापिस आता दिखाई देगा। गहराई से अध्ययन करें तो पानी या किसी अन्य द्रव से वापिस लौटा हुआ वह प्रकाश केवल अपने मूल रंग का ही नहीं रहता। वापिस आने के बाद वह प्रकाश अपने साथ कुछ नए रंगों के समूह को भी ले आता है। जाहिर है कि नए रंगों का

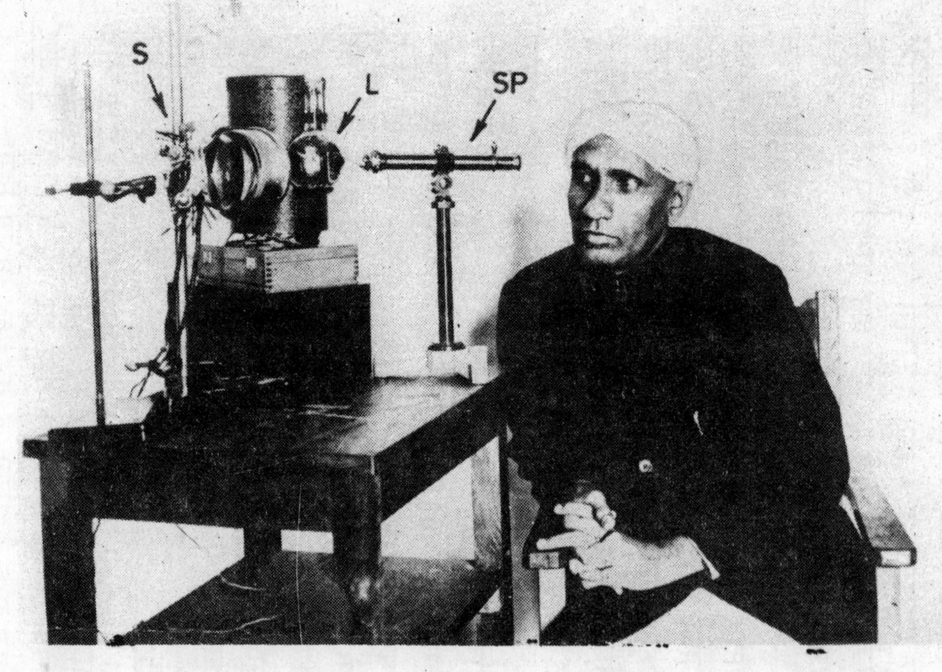

रामन अपने उस प्रयोग के उपकरणों के साथ जिनसे उन्होंने 'रामन प्रभाव' की खोज की।

यह समूह उस द्रव की कुछ आंतरिक विशेषताओं के कारण होता है। खास रंग का प्रकाश किसी खास द्रव में से होकर बाहर आए तो बाहर आनेवाले प्रकाश के रंग एक खास समूह के होते हैं। रामन की यही वह महान खोज थी। इसी खोज को आज हम 'रामन चमत्कार' या 'रामन प्रभाव' के नाम से जानते हैं।

रामन की इसी खोज के लिए उन्हें 1930 ई. में भौतिक विज्ञान का नोबेल पुरस्कार दिया गया। भौतिक विज्ञान में किसी व्यक्ति को यह पुरस्कार मिलने का एशिया भर में यह पहला मौका था। हाँ, रामन के पहले रवींद्रनाथ ठाकुर को नोबेल पुरस्कार मिला था। किंतु वह पुरस्कार साहित्य के लिए था।

नोबेल पुरस्कार स्वीकार करने के लिए डा. रामन स्टाकहोम पहुँचे। वहाँ उस समय का एक मजेदार किस्सा है। वहाँ जमा हुए चोटी के वैज्ञानिकों के सामने रामन ने अपनी खोज का प्रयोग करके दिखाया। इस प्रयोग के लिए उन्होंने जिस द्रव को चुना, वह था अल्कोहल। अल्कोहल को एक प्रकार की शराब ही समझिए। प्रयोग के बाद उस दिन सायंकाल को रामन के सम्मान में एक समारोह हुआ। यूरोप में रिवाज है कि सम्मानित व्यक्ति के स्वास्थ्य के लिए शराब के प्याले आपस में टकराकर पिए जाते हैं। रामन ठहरे पक्के शाकाहारी। वह चाय तो पीते थे, परंतु शराब को उन्होंने कभी छुआ तक नहीं था। ऐसी हालत में उस समय एक वैज्ञानिक ने यह कह ही तो दिया—''आज

सुबह ही आपने अल्कोहल (शराब) पर 'रामन प्रभाव' का प्रयोग करके हमारा मनोरंजन किया। अब आप रामन पर अल्कोहल के प्रभाव का प्रदर्शन करके पुनः हमारा मनोरंजन क्यों नहीं करते ?"

सन् 1933 में डा. रामन को बेंगलूर में स्थापित 'इंडियन इंस्टीट्यूट आफ साइंसेज' संस्थान के संचालन का भार सौंपा गया। वहाँ उन्होंने 1948 ई. तक कार्य किया। वहाँ उन्हें कई कटु अनुभव भी हुए।

रामन ने बेंगलूर में ही अपने लिए एक स्वतंत्र संस्थान की स्थापना की। इस 'रामन रिसर्च इंस्टीट्यूट' के लिए उन्होंने कोई सरकारी सहायता स्वीकार नहीं की। रामन अपने संस्थान में जीवन के अंतिम दिनों तक खोजकार्य करते रहे।

सन् 1960 में लेसर-किरणों की खोज हुई। तब से विज्ञान के अनेक क्षेत्रों में 'रामन प्रभाव' का व्यापक उपयोग होने लगा है। रामन प्रभाव से वस्तुओं की आंतरिक रचना के बारे में जानकारी मिलती है, वस्तुओं का 'स्थापत्य' स्पष्ट हो जाता है।

देखा जाता है कि तरुणावस्था में मुख्य खोज करने के बाद और ख्याति अर्जित करने पर हमारे अनेक वैज्ञानिक आरामतलब हो जाते हैं। किंतु रामन की बात निराली थी। 1930 ई. के बाद उन्होंने कई महत्त्वपूर्ण आविष्कार किए। उन्होंने खोज की कि आँख के पीछे के पर्दे (रेटिना) पर दृश्य ठीक किस प्रकार अंकित होता है। उन्होंने हीरों

पर भी महत्त्वपूर्ण परीक्षण किए। उन्होंने गुलाब के फूलों के रंगों के बारे में भी हमें नई तथा महत्त्वपूर्ण जानकारी दी। डा. रामन अपने जीवन के अंतिम दिन तक एक तरुण वैज्ञानिक की तरह खोजकार्य में जुटे रहे। उनका जीवन कर्मठता का अद्भुत उदाहरण है।

डा. रामन की 21 नवंबर, 1970 को मृत्यु हुई। उस समय उनकी आयु 82 साल की थी।

डा. रामन ने संगीतशास्त्र का भी गहन अध्ययन किया था। संगीत वाद्यों की ध्वनियों के बारे में उन्होंने वैज्ञानिक अनुसंधान किया। इस विषय के बारे में उनका एक लेख जर्मनी के एक विश्वकोश में भी प्रकाशित हुआ था।

हम देख चुके हैं कि डा. रामन का सारा अध्ययन और सारा अनुसंधान कार्य अपने देश में संपन्न हुआ। उनका पक्का विश्वास था कि इस देश में प्रतिभाओं की कमी नहीं है। बह चाहते थे कि हमारा देश वैज्ञानिक खोजों के मामले में अपने पैरों पर खड़ा हो और हमें विदेशों का मुँह न ताकना पड़े।

डा. रामन ने कई देशों की यात्राएँ कीं। देश-विदेश की प्रख्यात वैज्ञानिक संस्थाओं ने उनका सम्मान किया। भारत सरकार ने 'भारत रत्न' की सर्वोच्च उपाधि देकर उन्हें सम्मानित किया। सोवियत रूस ने उन्हें 1958 में अपना 'लेनिन पुरस्कार' प्रदान किया। इस पुरस्कार को ग्रहण करने के अवसर पर उन्होंने कहा था—''मैंने अपने

ज्ञान का उपयोग सैनिक कामों के लिए कभी नहीं किया। मैंने हमेशा यही कोशिश की है कि मेरी खोजों का इस्तेमाल रचनात्मक कार्यों में हो और इससे मानव जाति का कल्याण हो।"

मेघनाद साहा

जन्म : 6 अक्तूबर, 1893 : मृत्यु : 16 फरवरी, 1956

आधुनिक भारत के विज्ञान को आगे बढ़ाने में अब तक वैज्ञानिकों की तीन पीढ़ियों ने सहयोग दिया है। पहली पीढ़ी का जन्म अंग्रेजों के शासनकाल में हुआ और अंग्रेजों के शासनकाल में ही उन्होंने शोधकार्य किए। जगदीशचंद्र बसु, आचार्य प्रफुल्लचंद्र राय, रामानुजन आदि इसी पहली पीढ़ी के महान भारतीय वैज्ञानिक थे।

दूसरी पीढ़ी की शिक्षा और आरंभिक शोधकार्य अंग्रेजों के शासनकाल में हुआ, किंतु उन्होंने स्वतंत्र भारत में विज्ञान को मजबूत नींव पर खड़ा करने में भी सहयोग दिया। डा. मेघनाद साहा, डा. भाभा, डा. कृष्णन् आदि इस दूसरी पीढ़ी के वैज्ञानिक थे।

तीसरी पीढ़ी का जन्म एवं शिक्षा तो 1947 के पहले हुई, पर इनका शोधकार्य स्वतंत्र भारत में हुआ। स्वतंत्र भारत में पैदा हुई चौथी पीढ़ी अब शोधकार्य के मैदान में है।

इनमें से हर पीढ़ी को भिन्न-भिन्न परिस्थितियों का सामना करना पड़ा है। डा. साहा की दूसरी पीढ़ी के कंधों पर स्वतंत्र भारत की वैज्ञानिक जिम्मेदारियों का भी बोझ आ पड़ा था। इसलिए वैज्ञानिकों की इस पीढ़ी का कार्य बड़े महत्त्व का है।

डा. मेघनाद साहा अब इस संसार में नहीं हैं। दिल्ली में 16 फरवरी, 1956 का दिन। उस दिन वह पैदल ही योजना-आयोग के कार्यालय की ओर जा रहे थे। अचानक दिल का दौरा पड़ा और वह गिर गए।

अस्पताल में पहुँचाने के पहले ही उनका देहांत हो गया। तब उनकी आयु थी 63 साल।

मेघनाद साहा बहुत साधारण परिस्थिति से ऊपर उठे थे। बांगला देश के ढाका जिले के एक छोटे-से गाँव सेओड़ातली में 6 अक्तूबर, 1893 के दिन उनका जन्म हुआ था। वह अपने माता-पिता की पाँचवीं संतान थे। परंपरा से साहा-परिवार का धंधा था दूकान लगाना या व्यापार करना। उस समय तो यही लग रहा था कि मेघनाद भी दूकान पर बैठकर नून-तेल बेचेंगे।

मेघनाद के पिता जगन्नाथ साहा उन्हें अंग्रेजी शिक्षा देने के पक्ष में नहीं थे। वह सोचते थे : अंग्रेजी पढ़ाने से क्या लाभ ? लाभ तो व्यापार में ही होता है। पर मेघनाद का खयाल उलटा था। पढ़ने में वह तेज थे। देहात के एक दयालु वैद्य अनंतकुमार दास ने उन्हें सहारा दिया। इस प्रकार उन्होंने दस किलोमीटर दूर के एक स्कूल से मिडिलस्कूल और बाद में ढाका से मैट्रिक और एफ. ए. की परीक्षाएँ बड़ी योग्यता से पास कीं।

सन् 1911 ई. में मेघनाद साहा कलकत्ता आए और उन्होंने प्रेसीडेंसी कालेज में नाम लिखाया। उन दिनों प्रेसीडेंसी कालेज का खूब नाम था। आचार्य प्रफुल्लचंद्र राय और डा. जगदीशचंद्र बसु वहाँ विज्ञान के प्रोफेसर थे। इसे बड़ा संयोग ही समझा जाएगा कि विज्ञान के इन दो आचार्यों के चारों ओर प्रतिभाशाली विद्यार्थियों का जमाव हो गया था। उस समय सत्येंद्रनाथ बसु, नीलरतन धर और महालानोबिस जैसे प्रतिभावान

विद्यार्थी प्रेसीडेंसी कालेज में पढ़ रहे थे। मेघनाद साहा प्रेसीडेंसी कालेज में राजेंद्र प्रसाद और सुभाषचंद्र बसु के भी संपर्क में आए।

मेघनाद साहा का मुख्य विषय था गणितशास्त्र। बी.एस-सी. और एम.एस-सी, दोनों परीक्षाओं में वह पहली श्रेणी में, किंतु दूसरा स्थान पाकर उत्तीर्ण हुए। पहला स्थान सत्येंद्रनाथ बसु को मिला था।

उन दिनों सर आशुतोष मुकर्जी कलकत्ता विश्वविद्यालय के उपकुलपति थे। वह स्वयं एक योग्य गणितज्ञ थे और विज्ञान के अध्ययन के महत्त्व को खूब अच्छी तरह समझते थे। योग्य प्रोफेसरों का चुनाव करने में तो वह बहुत ही दक्ष थे। उनके प्रयास से कलकत्ता विश्वविद्यालय में विज्ञान का एक नया कालेज खोला गया था। कालेज के लिए प्रोफेसरों की जरूरत थी। अभी चंद्रशेखर वेंकट रामन ने इस कालेज में पढ़ाना शुरू नहीं किया था। सर मुकर्जी ने सत्येंद्रनाथ बसु और मेघनाद साहा को इस कालेज में प्रोफेसर नियुक्त किया।

मेघनाद साहा का मुख्य विषय गणितशास्त्र था, पर कालेज में उन्हें भौतिक विज्ञान भी पढ़ाना था। इसलिए उन्होंने भौतिकशास्त्र का खूब गहराई से अध्ययन आरंभ कर दिया और जर्मन भाषा की पढ़ाई भी शुरू कर दी। हमारे देश में अंग्रेजी का बड़ा बोलबाला है। इसलिए कुछ लोग सोचते हैं कि अंग्रेजी में ही दुनिया का सारा ज्ञान भरा हुआ है। पर यह विचार ठीक नहीं है। विज्ञान में शोधकार्य करने के लिए कम से कम जर्मन, फ्रांसीसी और

रूसी भाषा का ज्ञान होना भी बहुत जरूरी है।

सन् 1917 में मेघनाद साहा का पहला शोध-लेख लंदन की प्रसिद्ध विज्ञान-पत्रिका 'फिलासोफिकल मैगजीन' में प्रकाशित हुआ। अगले साल कलकत्ता विश्वविद्यालय ने उन्हें डी.एस-सी. की उपाधि भी दी।

सन् 1919 में डा. साहा पहली बार यूरोप गए। पहले छह महीने वह लंदन में रहे और बाद में एक साल जर्मनी में। वहाँ प्रख्यात वैज्ञानिकों की देखरेख में उन्होंने खोजकार्य किया और यूरोप की वैज्ञानिक प्रगति की प्रत्यक्ष जानकारी हासिल की। इससे उन्हे बड़ा लाभ हुआ।

यूरोप से लौटने पर सर आशुतोष ने उन्हें कलकत्ता विश्वविद्यालय में भौतिक विज्ञान का 'खैरा प्रोफेसर' नियुक्त किया। पर कुछ दिन बाद डा. साहा प्रयाग विश्वविद्यालय में चले गए। वहाँ वह भौतिक विभाग के अध्यक्ष नियुक्त हुए। वहाँ वह लगातार सोलह साल तक रहे। इस काल में उन्होंने महत्त्वपूर्ण शोधकार्य किया। 1927 ई. में उन्हें इंग्लैंड की रॉयल सोसायटी ने अपना सदस्य चुन लिया। उसी दौरान डा. साहा ने ऊष्मा विज्ञान के बारे में एक ग्रंथ लिखा, जो खूब प्रसिद्ध हुआ।

सन् 1938 में डा. साहा पुनः कलकत्ता लौट गए। अब उनकी कीर्ति देश-विदेश में फैल चुकी थी। इस बार उन्हें कलकत्ता विश्वविद्यालय में भौतिक विज्ञान के 'पालित प्रोफेसर' का स्थान मिला। अब डा. साहा को वैज्ञानिक संस्थाओं को संगठित करने का अवसर मिला।

1947 ई. में हमारा देश स्वतंत्र हुआ। अब नए सिरे से विज्ञान की शिक्षा एवं संस्थाओं का आयोजन करना था। दूसरे महायुद्ध में अमरीका ने जापान पर दो एटम बम गिराए थे। एटम अर्थात् परमाणु की शक्ति को अब सभी समझ गए थे। परमाणु युग की शुरुआत हो गई थी।

डा. साहा नए युग की इस नई शक्ति को अच्छी तरह समझते थे। 1948 ई. में उन्होंने कलकत्ता में 'न्यूक्लीय शोध संस्थान' की स्थापना की। अब यह 'साहा संस्थान' कहलाता है। भारतीय वैज्ञानिकों की 'इंडियन एसोसिएशन फार द कल्टिवेशन आफ साइंस' नाम की एक पुरानी संस्था थी। डा. साहा ने इस संस्था को नया जीवन दिया। 1953 ई. में कलकत्ता विश्वविद्यालय से अवकाश ग्रहण करने के बाद वह इस संस्था के पहले निदेशक नियुक्त हुए।

बाद में डा. साहा ने कई काम हाथ में लिए। पर हमें जानना है कि उन्होंने विज्ञान के क्षेत्र में कौन-सी नई बातें खोजीं। डा. साहा की प्रमुख खोज, जिसके कारण देश-विदेश में उनका यश फैला, खगोल-भौतिकी और भौतिक विज्ञान से संबंधित है।

पुराने जमाने के ज्योतिषी केवल अपनी आँखों से ही आकाश के तारों का अवलोकन करते थे। फिर 1609 ई. में पहली बार गैलीलियो ने दूरबीन का आविष्कार किया। दूरबीन के कारण ज्योतिषशास्त्र ने तेजी से प्रगति की। एक और यंत्र ने ज्योतिष की उन्नति में योग

दिया। इस यंत्र का नाम है वर्णक्रमदर्शी (स्पेक्ट्रोस्कोप)।

सूर्य की किरणें यदि एक प्रिज़्म में से गुजारी जाएँ तो सूर्य-प्रकाश सात रंगों में बँट जाता है। पानी की बूँदें एक प्रकार की प्रिज़्म ही हैं। सूर्य का प्रकाश जब बूँदों में से गुजरता है तो हमें आकाश में सात रंगोंवाला इंद्रधनुष दिखाई देता है। इसी प्रकार सूर्य या तारे से आई हुई प्रकाश-किरणों को यदि वर्णक्रमदर्शी यंत्र से गुजारा जाए तो यह प्रकाश कई पट्टों में बँट जाता है।

इस पट्टे को वर्णक्रमपट कहते हैं। बहुत दूर के तारों का प्रकाश बहुत ही मंद होता है, इसलिए ऐसे तारों का प्रकाश बड़ी दूरबीनों से ग्रहण करके उनके वर्णक्रमपट तैयार किए जाते हैं। इन वर्णक्रमपटों में काली और सफेद रेखाएँ होती हैं। इनका अध्ययन करके वैज्ञानिक जान जाते हैं कि किस तारे में कौन-कौन से पदार्थ हैं। हर तारे का अपना एक खास वर्णक्रमपट होता है। हमारे सूर्य का वर्णक्रमपट खास किस्म का होता है। इतना सब होने पर भी तारों के इन वर्णक्रमपटों के बारे में डा. मेघनाद साहा की खोज के पहले बहुत-सी बातें अज्ञात थीं।

डा. मेघनाद साहा ने परमाणु के गुणों का अध्ययन करके वर्णक्रमपट की इस उलझन को सुलझाया। परमाणु की नाभि या केंद्र में प्रोटान होते हैं और इन प्रोटानों के इर्द-गिर्द छोटे-छोटे इलेक्ट्रोन चक्कर काटते रहते हैं। जब तापमान बढ़ जाता है तो परमाणु के कुछ इलेक्ट्रोन बाहर निकल आते हैं, वह स्वतंत्र हो जाते हैं। विज्ञान की भाषा में ऐसे स्वतंत्र इलेक्ट्रोनों को आयनीकृत

इलेक्ट्रोन कहते हैं और जिस परमाणु से कुछ इलेक्ट्रोन बाहर जाते हैं उसे **आयन** कहते हैं ।

सूर्य या तारों के वातावरण में तापमान बहुत ऊँचा होता है । वहाँ यह तापमान 6000^0 सेंटीग्रेड के भी ऊपर पहुँच जाता है। इसलिए सूर्य या तारों के बाहरी वातावरण में आयन या आयनीकृत इलेक्ट्रोनों की संख्या बहुत अधिक होती है । इसी आयनीकृत वातावरण से होकर सूर्य या तारों का प्रकाश हम तक पहुँचता है । इसी प्रकाश का वर्णक्रमपट प्राप्त किया जाता है । इसलिए वर्णक्रमपट की भाषा को तभी अच्छी तरह समझा जा सकता है जब हमें आयनीकरण का अच्छा ज्ञान हो । डा. साहा ने इसी क्षेत्र में शोधकार्य किया और गणित की सहायता से नए सिद्धांत स्थापित किए । इससे तारों के बारे में बहुत-सी नई बातों का पता चला । अपनी इस खोज के बारे में डा. साहा ने 1920 ई. में एक निबंध प्रकाशित किया, जिसका शीर्षक था 'सौर वर्णमंडल के आयनीकरण के बारे में' ।

इसी खोज से देश-विदेश में डा. साहा की कीर्ति फैल गई । इसके बारे में इंग्लैंड के एक प्रख्यात खगोलविद सर आर्थर एडिंग्टन ने कहा था कि पिछले चार सौ साल में तारों के विज्ञान के बारे में जितना भी खोजकार्य हुआ है उसमें यह बारहवीं महत्त्वपूर्ण खोज है ।

आगे डा. मेघनाद साहा ने भौतिक विज्ञान के क्षेत्र में कई नई बातें खोजीं । पर वह केवल वैज्ञानिक ही नहीं थे । भारत के स्वतंत्र होने पर उनका ध्यान शिक्षा की

समस्याओं की ओर भी गया। इतिहास और पुरातत्त्व में उनकी गहरी रुचि थी। हमारे देश में ईसवी-सन् से गणना करने की शुरुआत अंग्रेजों के समय से हुई। पुराने जमाने में हमारे देश में विक्रम, शक आदि कई संवतों से गणनाएँ होती थीं। इनमें शक-संवत् खूब प्रसिद्ध रहा। अनेक विद्वानों का मत है कि शक-संवत् की स्थापना राजा कनिष्क ने 78 ई. में की थी। पर सभी विद्वान इस बात से सहमत नहीं हैं। डा. साहा ने शक-संवत् की उत्पत्ति के बारे में एक खोजपूर्ण निबंध लिखा था।

पुराने जमाने में भी काल-गणना होती थी, पंचांग बनते थे। पर पुराने ज्योतिषियों को दिनमान और वर्षमान का आज जैसा सूक्ष्म ज्ञान नहीं था। पुरानी पद्धतियों से गणना करते रहने के कारण तिथियों और ऋतुओं में बहुत फरक पड़ गया है। फिर भी, पुरानी परंपरा के ज्योतिषी अपने पंचांग बदलने को तैयार नहीं थे। तब सरकार ने नया पंचांग बनाने के लिए वैज्ञानिकों की एक कमेटी बनाई। डा. मेघनाद साहा को इस कमेटी का अध्यक्ष बनाया गया। 'साहा कमेटी' ने सरकार को एक नया वैज्ञानिक पंचांग बनाकर दिया।

कुछ लोगों का खयाल है कि वैज्ञानिकों को केवल अपनी प्रयोगशाला में ही बंद रहना चाहिए। उन्हें राजनीति में भाग नहीं लेना चाहिए। पर यह खयाल गलत है। विद्वान केवल अपने विषयों में ही खोए रहे और देश का शासन केवल राजनीतिज्ञों के हाथों में रहे, तो कोई देश प्रगति नहीं कर सकता। डा. साहा ने भी इस

बात को समझा। देश के राष्ट्रपति उन्हें बड़ी आसानी से लोकसभा का सदस्य नियुक्त कर सकते थे। पर डा. साहा स्वतंत्र रूप से चुनाव लड़े और विजयी होकर 1952 ई. में लोकसभा में आए।

डा. साहा समाजवादी रुझान के वैज्ञानिक थे। कलकत्ता के अपने 'न्यूक्लीय शोध संस्थान' का उद्घाटन उन्होंने किसी राजनेता से न करवाकर फ्रांस के प्रख्यात वैज्ञानिक फ्रेडरिक ज्यूलियो-क्यूरी (मैडम क्यूरी के दामाद) से करवाया था। वे स्वतंत्र भारत के नए शासन की विज्ञान और उद्योगों से संबंधित गलत नीतियों के खिलाफ जीवन के अंतिम क्षण तक लड़ते रहे।

राजनीति में सक्रिय भाग लेकर उन्होंने शिक्षण, उद्योग और आर्थिक विकास की योजनाओं को बढ़ावा देने में खूब योग दिया। चर्खा चलाकर देश की आर्थिक दशा नहीं सुधर सकती, डा. साहा का विश्वास था। उन्होंने 'साइंस एंड कल्चर' नाम से एक मासिक पत्रिका का कई साल तक संपादन किया। इसमें वे योजनाओं के बारे में नए-नए सुझाव देते थे और सेठ-साहूकारों और सरकार की भी कटु आलोचना करते थे।

अपने अंतिम दिनों में वह योजना आयोग के सदस्य भी नियुक्त हुए थे। पर अचानक मृत्यु हो जाने से हमारा देश अधिक समय तक उनके सुझावों से लाभ नहीं उठा सका। फिर भी, अपने जीवनकाल में वह देश के लिए बहुत कुछ कर गए। उनका कृतित्व लंबे समय तक याद रहेगा।

सत्येंद्रनाथ बसु

जन्म : 1 जनवरी, 1894 : मृत्यु : 1974

अल्बर्ट आइंस्टाइन संसार के एक महान वैज्ञानिक थे। शुरू से आज तक के यदि केवल दस महान वैज्ञानिकों की भी एक सूची बनानी पड़े, तो उस सूची में आइंस्टाइन का नाम जरूर रखना होगा। आइंस्टाइन ने आपेक्षिकता के सिद्धांत को जन्म दिया। इस सिद्धांत ने मानव के विचारों में क्रांतिकारी रद्दोबदल की। इस सिद्धांत ने विज्ञान को एकाएक बहुत आगे बढ़ा दिया।

ऐसे महान वैज्ञानिक से प्रशंसा प्राप्त करना सचमुच ही बड़े गौरव की बात है। आइंस्टाइन के सिद्धांत में कुछ संशोधन करना या इस सिद्धांत में कुछ नया जोड़ना तो और भी बड़ी बात है। डा. सत्येंद्रनाथ बसु ने ऐसा ही कमाल करके दिखाया। आइंस्टाइन के सिद्धांत का गणित बहुत कठिन है। आइंस्टाइन के कुछ गणितीय सूत्रों के स्थान पर डा. बसु ने नए सूत्रों का सुझाव दिया।

आइंस्टाइन डा. बसु के इन नए सूत्रों को देखकर चकित रह गए। उन्होंने सारे संसार के सामने स्वीकार किया कि उनके सूत्रों से डा. सत्येंद्रनाथ बसु के सूत्र बेहतर हैं। इतना ही नहीं, उन्होंने इन सूत्रों के लिए अपने नाम के साथ डा. बसु का नाम भी जोड़ दिया। आज भौतिक विज्ञान में ये गणितीय सूत्र 'बसु-आइंस्टाइन सांख्यिकी' के नाम से प्रसिद्ध हैं। उच्च भौतिकी का कोई भी ग्रंथ उठाकर देखिए, उसमें आइंस्टाइन के साथ सत्येंद्रनाथ बसु का नाम अवश्य मिलेगा। एक भारतीय वैज्ञानिक के लिए यह सचमुच बड़े गौरव की बात है।

मैडम क्यूरी का नाम सभी ने सुना होगा। उन्होंने

रेडियम तत्व की खोज करके नोबेल पुरस्कार प्राप्त किया था। रेडियम एक नया तत्व था। बाद में उन्होंने और भी रेडियधर्मी तत्वों की खोज की। मैडम क्यूरी को एक बार नहीं, बल्कि दो बार नोबेल पुरस्कार मिला है। पहली बार अपने पति तथा एक अन्य वैज्ञानिक के साथ और दूसरी बार अकेली को। किसी वैज्ञानिक महिला को दो बार नोबेल पुरस्कार मिलने का यह एकमात्र उदाहरण है। उन्हेंने भी आइंस्टाइन की तरह कीर्ति अर्जित की।

डा. सत्येंद्रनाथ बसु को मैडम क्यूरी के साथ पेरिस की उनकी प्रयोगशाला में शोधकार्य करने का सौभाग्य प्राप्त हुआ। सन् 1924 ई. में आइंस्टाइन के साथ अपना नाम जोड़कर उन्होंने वैज्ञानिक जगत में प्रसिद्धि पा ली थी। उसके बाद डा. बसु पेरिस गए और वहाँ उन्होंने मैडम क्यूरी की प्रयोगशाला में शोधकार्य करने की इच्छा जाहिर की। मैडम क्यूरी डा. बसु का नाम सुन चुकी थी। डा. बसु को अपनी प्रयोगशाला में स्थान देने के लिए वह खुशी से तैयार हो गईं। पर मैडम क्यूरी को यह पता नहीं था कि डा. बसु फ्रांसीसी भाषा अच्छी तरह जानते हैं। डा. बसु के पहले एक और भारतीय वैज्ञानिक ने मैडम क्यूरी की प्रयोगशाला में शोधकार्य किया था। उन्हें फ्रांसीसी भाषा नहीं आती थी। इसलिए मैडम क्यूरी ने समझा कि डा. बसु भी फ्रांसीसी भाषा नहीं जानते होंगे। उन्होंने फ्रांसीसी भाषा के महत्त्व के बारे में डा. बसु को एक लंबा लेक्चर दे डाला। डा. बसु चुपचाप

सुनते रहे। अंत में उन्होंने फ्रांसीसी में उत्तर दिया—"मैडम, मैं फ्रांसीसी भाषा अच्छी तरह जानता हूँ।" यह उत्तर सुनकर मैडम क्यूरी को बड़ा अचरज हुआ।

सत्येंद्रनाथ बसु का जन्म 1 जनवरी, 1894 के दिन हुआ था। शुरू से ही वह पढ़ाई में तेज रहे। कलकत्ता के प्रेसीडेंसी कालेज में पढ़ते समय जगदीशचंद्र बसु और प्रफुल्लचंद राय जैसे प्रख्यात वैज्ञानिक उनके प्रोफेसर थे। मेघनाद साहा उनके सहपाठी थे। बी. एस-सी. और एम. एस-सी की परीक्षाओं में सत्येंद्रनाथ ने प्रथम स्थान प्राप्त किए, तो मेघनाद साहा ने दूसरा स्थान। कालेज की पढ़ाई समाप्त होने पर सत्येंद्रनाथ बसु और मेघनाथ साहा, दोनों को ही सर आशुतोष मुकर्जी ने कलकत्ता विश्वविद्यालय में अध्यापक नियुक्त किया।

सन् 1921 में सत्येंद्रनाथ बसु प्राध्यापक बनकर ढाका विश्वविद्यालय में चले गए। वहाँ वह 1924 ई. तक रहे। इसी दौरान उन्होंने अपनी वह प्रसिद्ध खोज की जो 'बसु-आइंस्टाइन सांख्यिकी' के नाम से मशहूर है।

आइंस्टाइन का आपेक्षिकता सिद्धांत जब प्रकाशित हुआ था तो कहा जाता है कि उस समय उसे समझनेवाले संसार में बहुत कम विद्वान थे। एक कारण तो यह है कि इस सिद्धांत का गणित बहुत कठिन है। दूसरी बात यह है कि आइंस्टाइन ने एकदम नए विचार दुनिया के सामने रखे थे। बसु उनके इसी सिद्धांत मेंनई बातें खोजी थीं। जाहिर है कि डा. बसु का यह गणित भी बहुत कठिन है। फिर भी इसके बारे में कुछ बातें जानी जा सकती हैं।

न्यूटन ने ग्रहों की गतियों के बारे में नए सिद्धांत स्थापित किए थे। न्यूटन ने बताया कि संसार की हर वस्तु हर दूसरी वस्तु को आकर्षित करती है। जैसे, सूर्य ग्रहों को आकर्षित करता है और पृथ्वी चंद्र को आकर्षित करती है। इसी नियम के आधार पर न्यूटन ने अपना गुरुत्वाकर्षण का सिद्धांत स्थापित किया था।

पर गुरुत्वाकर्षण का यह सिद्धांत सभी जगह काम नहीं करता। गैसों में लाखों-करोड़ों अणु (मॉलेक्यूल) होते हैं। ये निरंतर हलचल मचाते रहते हैं। इनकी हलचल का और गैस के दाब तथा तापमान का एक खास संबंध होता है। न्यूटन के गुरुत्वाकर्षण नियम से गैस के इन अणुओं की गतियों को नहीं समझा जा सकता है। इनकी गतियों को औसत वाले गणित की सहायता से ही समझा जा सकता है। पिछली शताब्दी में मैक्सवेल, बोल्ट्ज़मैन आदि वैज्ञानिकों ने ऐसे गणित की रचना की। ऐसे गणित को **सांख्यिकी** कहते हैं।

सांख्यिकी में केवल औसतों पर विचार किया जाता है। जैसे, सभी आदमी एक ही उम्र में नहीं मरते। पर कोई भी बीमा कंपनी केवल एक आदमी की मौत पर विचार करके अपना कारोबार नहीं खोलती। वह मृत्यु की औसत आयु का हिसाब करती है। आज के संसार में ऐसे बहुत-से व्यवहार हैं जहाँ केवल औसत का हिसाब करके ही काम चल सकता है।

इसी प्रकार, भौतिक जगत में भी औसत के नियम के बिना काम नहीं चल सकता। आज के भौतिक विज्ञान में

पग-पग पर सांख्यिकी यानी औसत के गणित की जरूरत पड़ती है। मैक्सवेल और बोल्ट्जमैन ने ऐसे ही सांख्यिकीय गणित की रचना की थी।

इसी सदी के आरंभ में परमाणु की खोज शुरू हुई। आइंस्टाइन ने बता दिया कि परमाणु के भीतर कितनी शक्ति छिपी हुई है। लेकिन परमाणु भी अखंड नहीं है। इसके भीतर वैज्ञानिकों ने अब तक करीब सौ परमाणु-कणों की खोज की है। इन परमाणु-कणों की गतियाँ और गुणधर्म भी बड़े विचित्र हैं। इनकी गतियों पर न्यूटन के गुरुत्वाकर्षण के नियम नहीं बल्कि सांख्यिकीय गणित के नियम लागू होते हैं। पर मैक्सवेल-बोल्ट्मैन की सांख्यिकी भी इनके लिए अधूरी सिद्ध हुई। इस बात को डा. बसु ने जाना और उन्होंने सांख्यिकी के नए सूत्र तैयार करके दिए। यही गणित अब 'बसु-आइंस्टाइन सांख्यिकी' के नाम से प्रसिद्ध है। 'बसु-आइंस्टाइन सांख्यिकी' क्वांटम भौतिकी के क्षेत्र के अनुसंधान के लिए बुनियादी गणितीय साधन बन गई है।

सन् 1924 के बाद परमाणु के बारे में बहुत-सी नई बातें खोजी गईं। परमाणु के भीतर अपार ऊर्जा का भंडार खोजा गया। एटम बम बने। हाइड्रोजन बम बने। परमाणु-ऊर्जा से अब बिजली पैदा की जा सकती है, जहाज चलाए जा रहे हैं। पर परमाणु के बारे में अब भी बहुत-सी बातें रहस्यमय हैं। इसके भीतर सौ से ऊपर परमाणु-कण खोजे गए हैं। इनकी गतिविधियाँ बड़ी विचित्र हैं। इनकी गतिविधियों और गुणधर्मों के

अनुसार वैज्ञानिकों ने अब इन परमाणु-कणों को दो वर्गों में बाँटा है। एक वर्ग के परमाणु-कणों को डा. बसु के नाम पर **बोसोन** और दूसरे वर्ग को प्रख्यात वैज्ञानिक एनरिको फर्मी ने नाम पर **फर्मिओन** नाम दिया गया है।

डा. बसु का प्रमुख शोधकार्य सैद्धांतिक भौतिकी से संबंधित है। इस विषय में उच्च गणित की भरमार रहती हे। डा. बसु, न केवल भौतिकवेत्ता, बल्कि उच्च कोटि के गणितज्ञ भी थे। इसके अलावा उन्होंने कई अन्य विषयों में भी शोधकार्य किया है। आइंस्टाइन ने आपेक्षिकता के सिद्धांत के बाद एक नए सिद्धांत पर काम किया था। इसे क्षेत्र सिद्धांत (फील्ड थ्योरी) कहते हैं। डा. बसु ने इस सिद्धांत पर भी शोधकार्य किया।

मैडम क्यूरी की प्रयोगशाला में डा. बसु ने मणिभों (क्रिस्टलों) की रचना पर खोजकार्य किया था। उनकी इस खोज से घड़ियों को और अधिक सूक्ष्म बनाने में सहायता मिली। उन्होंने रसायनशास्त्र में भी खोज की है। उन्होंने सल्फोनेमाइड नाम के एक पदार्थ की रचना में रद्दोबदल करने का तरीका खोज निकाला। इस खोज का इस्तेमाल करके कलकत्ता की एक प्रसिद्ध कंपनी ने इस पदार्थ से आँखों में डालने की एक दवाई बनाई।

डा. बसु के शोधकार्य का देश-विदेश में बड़ा गौरव हुआ है। उन्हें कई विश्वविद्यालयों से डाक्टरेट की उपाधियाँ मिलीं। रॉयल सोसायटी ने उन्हें अपना फैलो बनाया। भारत सरकार ने उन्हें 'पद्म विभूषण' की उपाधि से सम्मानित किया। 1944 ई. में वे भारतीय

विज्ञान कांग्रेस के अध्यक्ष भी निर्वाचित हुए थे। डा. बसु 1952 से 58 ई. तक लोकसभा के मनोनीत सदस्य भी रहे। उसके बाद दो साल तक वे शांतिनिकेतन के विश्वभारती विश्वविद्यालय के उपकुलपति रहे। तदनंतर सरकार ने उन्हें राष्ट्रीय प्राध्यापक नियुक्त किया।

सत्येंद्रनाथ बसु की भी यही मान्यता थी कि आधुनिक विज्ञान को भारतीय परंपरा में ढालकर ही हम तेजी से आगे बढ़ सकते हैं। वे एक योग्य अध्यापक थे। अपने विद्यार्थियों के अनुसंधान-कार्य में महत्त्वपूर्ण योगदान देने पर भी वे यही पसंद करते थे कि शोध-निबंध केवल विद्यार्थियों के नाम से ही प्रकाशित हो।

विज्ञान के विषय दिनोंदिन जटिल बनते जा रहे हैं। विज्ञान में जो नई-नई बातें खोजी जा रही हैं, उन्हें जनता को समझाना कठिन हो रहा है। विज्ञान और सामान्य जनता के बीच एक गहरी खाई पैदा हो गई है। सुलभ वैज्ञानिक साहित्य जनता तक पहुँचाकर ही इस खाई को कुछ हद तक पाटा जा सकता है। डा. बसु इस बात के महत्त्व को बहुत अच्छी तरह जानते थे। उच्च कोटि के वैज्ञानिक होने पर भी उन्होंने जनता के लिए सरल भाषा में विज्ञान लिखने के लिए समय दिया। इतना ही नहीं, भारत के स्वतंत्र होने के पहले ही उन्होंने बंगला भाषा में 'विज्ञान परिचय' नामक एक मासिक पत्रिका शुरू की थी। उनका यह कार्य बहुत ही सराहनीय है।

क. श्री. कृष्णन्

जन्म : 4 दिसंबर, 1898 : मृत्यु : 13 जून, 1961

भारत स्वतंत्र हुआ। नए सवाल। नई समस्याएँ। अंग्रेजों ने अपने मतलब के अनुसार भारत को दुहा था। अब फिर से हमें नई दिशा पकड़नी थी। विज्ञान की शिक्षा और शोधकार्य को आगे बढ़ाना था। यूरोप के देश विज्ञान के क्षेत्र में बहुत तरक्की कर चुके थे। करीब दो सौ साल तक गुलामी में रहने के कारण हमारा देश पिछड़ गया था। अब परमाणु युग का आरंभ हो गया था। हम को भी आगे बढ़ना था। ऐसे समय नए भारत के विज्ञान का बोझ जिन वैज्ञानिकों के कंधों पर आ पड़ा, उनमें से कृष्णन् एक थे।

एक घटना से उस समय की दशा का अंदाजा लगाया जा सकता है। इस घटना से कृष्णन् के स्वभाव के बारे में भी कुछ जानकारी मिल जाती है। भारत में परमाणु ऊर्जा के रियेक्टर को स्थापित करने की योजना बनी थी। डा. भाभा इस योजना के कर्ताधर्ता थे। बंबई के पास ट्रांबे में इसके लिए स्थान चुना गया था। इस सिलसिले में एक बैठक हुई। प्रधानमंत्री नेहरू सभापति थे। इस बैठक में एक सदस्य ने कहा कि रियेक्टर की स्थापना के लिए बिना सोचे-समझे स्थान चुना गया है। इस पर डा. कृष्णन् ने खड़े होकर सदस्यों को एक किस्सा सुनाया :

जर्मनी में याकोबी नाम के एक बहुत प्रख्यात गणितज्ञ हुए। उनका एक शिष्य था। वह गणित में खोजकार्य करना चाहता था। पर जिस विषय में वह खोजकार्य करना चाहता था वह इतना व्यापक था, उसके

बारे में इतना कुछ लिखा जा चुका था, कि उस विद्यार्थी की समझ में नहीं आ रहा था कि कहाँ से शुरू करे। उस विद्यार्थी ने अपनी यह परेशानी आचार्य याकोबी को बताई। याकोबी बोले : 'खुदा के लिए, शुरू कर दो; चाहे जहाँ से शुरू करो, मगर शुरू कर दो। तुम्हारे पिता अपनी शादी के पहले दुनिया की तमाम लड़कियों की खोज-बीन करने लग जाते तो तुम पैदा ही नहीं होते, तुम्हारा शोधकार्य करना तो बहुत दूर रहा।'

ऐसे थे डा. कृष्णन्। किस्से-कहानियों का तो वे खजाना थे। जवाहरलाल नेहरू ने उनके बारे में एक बार कहा था : "जब-जब डा. कृष्णन् से मुलाकात हुई है, ऐसा एक भी अवसर नहीं था जब कि उन्होंने मुझे कोई नई कहानी न सुनाई हो।"

भारत स्वतंत्र हुआ तो हमारे देश में राष्ट्रीय प्रयोगशालाएँ स्थापित करने की योजना बनी। दिल्ली में भौतिक विज्ञान की राष्ट्रीय प्रयोगशाला स्थापित की गई। डा. कृष्णन् इस प्रयोगशाला के डायरेक्टर नियुक्त हुए।

कर्य्यमाणिक्यम् श्रीनिवास कृष्णन् का जन्म तमिलनाडु के रामनाडु जिले के वत्रप गाँव में 4 दिसंबर, 1898 के दिन हुआ था। उनके पिता धार्मिक वृत्ति के आदमी थे और तमिल तथा संस्कृत भाषा के अच्छे ज्ञाता थे। कृष्णन् पर भी पिता का प्रभाव पड़ा। डा. कृष्णन् तमिल और संस्कृत भाषा के भी विद्वान थे। दक्षिण भारत में पहले तालपत्रों पर लिखने का रिवाज था। बचपन में

ही कृष्णन् ने ऐसी तालपोथियों को पढ़ना सीखा था। बचपन में उन्हें आकाश के तारों को देखने और पहचानने का भी शौक था।

कृष्णन् की आरंभिक पढ़ाई गाँव के स्कूल में ही हुई। यह बड़े ताज्जुब की बात है कि आचार्य प्रफुल्लचंद्र राय, जगदीश बसु, मेघनाद साहा, रामानुजन आदि प्रख्यात वैज्ञानिक देहातों में पैदा हुए और देहात के स्कूलों में ही शुरू में उनकी पढ़ाई हुई। इससे यह सिद्ध होता है कि विद्वान बनने के लिए प्रारंभ में बहुत बड़े स्कूल में पढ़ना जरूरी नहीं है। प्रतिभा देहात के बच्चों में भी होती है। गरीबी के कारण या पढ़ाई के लिए प्रोत्साहन या साधन न मिलने के कारण हमारे देहातों के पता नहीं कितने बालक अपने जीवन को बरबाद कर देते होंगे!

कृष्णन् ने हाईस्कूल की परीक्षा नज़दीक के श्रीविल्लीपुत्तुर शहर के स्कूल से पास की। फिर वह मदुरा के कालेज में दाखिल हुए और आगे की उनकी पढ़ाई मद्रास के क्रिश्चियन कालेज में हुई। कालेज से भौतिक विज्ञान में उपाधि लेने के बाद वह इसी कालेज में रसायनशास्त्र के प्रयोगशाला-सहायक नियुक्त हुए।

कृष्णन् मन लगाकर पढ़ाते थे। बाद में अपने कुछ विद्यार्थियों के अनुरोध पर उन्होंने बीच की छुट्टी के समय में भी सवाल और जवाब के रूप में अपने विद्यार्थियों को पढ़ाना शुरू कर दिया। विद्यार्थी उनसे कोई भी सवाल पूछ सकते थे। कृष्णन् उन सवालों को बड़ी सरलता और रोचकता से समझाते थे। उनकी यह सवाल-जवाब

वाली पढ़ाई इतनी बढ़िया थी कि बाद में मद्रास के अन्य कालेजों के विद्यार्थी भी उनकी इस क्लास में आने लगे।

सन् 1920 में कृष्णन् कलकत्ता गए। वहाँ डा. रामन के इर्द-गिर्द शोधकर्ताओं का एक दल जमा हो गया था। कृष्णन् की योग्यता से डा. रामन बड़े प्रभावित हुए। उन्होंने कृष्णन् को अपना सहयोगी बना लिया। उस समय डा. रामन अपनी प्रसिद्ध खोज 'रामन प्रभाव' पर शोधकार्य कर रहे थे। बाद में इसी खोज पर उन्हें भौतिक विज्ञान का नोबेल पुरस्कार मिला था। कृष्णन् ने डा. रामन की इस खोज में हाथ बँटाया था। 'रामन-प्रभाव' के खोजकार्य की प्रगति को कृष्णन् ने एक डायरी में दर्ज किया था। उनकी इस डायरी से हमें 'रामन-प्रभाव' के अनुसंधान-कार्य के बारे में जानकारी मिलती है। रामन से प्रेरणा ग्रहण करके कृष्णन् भी प्रकाश किरणों के गुणधर्मों की खोज करने में जुट गए और उन्होंने कई नई बातें खोजीं। 'रामन-प्रभाव' की खोज में कृष्णन् का महत्वपूर्ण योगदान रहा।

डा. रामन को 1930 ई. में नोबेल पुरस्कार मिला था। इसी साल की एक घटना है। जर्मनी के प्रख्यात भौतिकवेत्ता प्रोफेसर सोमेरफेल्ड (1868-1951 ई.) भारत आए। उन्होंने भौतिक विज्ञान के एक आधुनिक विषय पर कलकत्ता विश्वविद्यालय में सात भाषण दिए। कृष्णन् ने बड़े ध्यान से भाषण सुने, उनके नोट्स तैयार किए, उनके लिए अपनी ओर से सरल प्रूफ तैयार किए और इस प्रकार प्रो. सोमेरफेल्ड के उन भाषणों का

उन्होंने एक उत्तम ग्रंथ तैयार किया। प्रो. सोमेरफेल्ड ने जब इस ग्रंथ को देखा तो वह चकित रह गए। उन्होंने कृष्णन् की खूब प्रशंसा की। उन्होंने यह भी चाहा कि यह ग्रंथ दोनों के नाम से प्रकाशित हो, परंतु कृष्णन् ने इनकार कर दिया। अंत में यह ग्रंथ प्रो. सोमेरफेल्ड के नाम से ही प्रकाशित हुआ।

सन् 1929 से 1933 ई. तक कृष्णन् ने ढाका विश्वविद्यालय में भौतिकशास्त्र के अध्यापक का काम किया। इसके बाद वह कलकत्ता में भौतिकी के प्रोफेसर पद पर आए। यहाँ वह 1942 ई. तक रहे। डा. कृष्णन् के शोधकार्य की ख्याति विदेश में भी फैल चुकी थी। इंग्लैंड के प्रख्यात वैज्ञानिक लार्ड रदरफोर्ड ने डा. कृष्णन् को इंग्लैंड बुलाया। वहाँ लंदन में 1947 ई. में उन्होंने भाषण भी दिए।

डा. मेघनाद साहा प्रयाग विश्वविद्यालय छोड़कर कलकत्ता गए तो उनके स्थान पर डा. कृष्णन् की नियुक्ति हुई। इसके पहले ही इंग्लैंड की रॉयल सोसायटी ने उन्हें अपना सदस्य बना लिया था। डा. कृष्णन् प्रयाग विश्वविद्यालय में 1947 तक रहे। इसके बाद देश स्वतंत्र हुआ। हम बता ही चुके हैं कि देश के स्वतंत्र होने पर हमारे देश में राष्ट्रीय प्रयोगशालाएँ स्थापित हुईं। डा. कृष्णन् को दिल्ली स्थित भौतिक विज्ञान की राष्ट्रीय प्रयोगशाला का कार्यभार सौंपा गया। जीवन के अंतिम दिनों तक वह इस पद पर बने रहे। हृदय की गति रुक जाने से 13 जून, 1961 के दिन उनका देहांत हुआ।

डा. कृष्णन् के शोधकार्य को सरल भाषा में समझाना कठिन है। शुरू-शुरू में डा. रामन के साथ उन्होंने प्रकाश किरणों के गुणधर्मों पर शोधकार्य किया। पर वह एक विषय से बँधे नहीं रहे। भौतिक विज्ञान के कई क्षेत्रों में उन्होंने खोजकार्य किया। परमाणु और अणुओं के गुणधर्मों के बारे में भी उन्होंने बहुत-सी नई बातें खोज निकालीं। भौतिक विज्ञान की एक आधुनिक शाखा का नाम है 'ठोस स्थिति भौतिकी'। इसमें मणिभ (क्रिस्टल) आदि की रचना के बारे में खोजबीन की जाती है। आजकल जो कृत्रिम रंग, औषधियाँ, प्लास्टिक धागे आदि तैयार किए जाते हैं, वह इसी विज्ञान का कमाल है। डा. कृष्णन् ने इस क्षेत्र में खोजकार्य करके बहुत-सी नई बातों का पता लगाया।

भौतिकी की राष्ट्रीय प्रयोगशाला का डायरेक्टर बनने पर इस संस्था के प्रबंध का भारी बोझ उनके सिर पर आ पड़ा। फिर भी उन्होंने शोधकार्य को नहीं छोड़ा। उन्होंने एक नए विषय में खोजकार्य करना शुरू कर दिया। इस विषय को 'थर्मिओनिक्स' कहते हैं। बिजली के बल्ब, ट्यूब लाइट, हीटर आदि बनाने में इस विज्ञान का उपयोग होता है। डा. कृष्णन् की खोजों से इन चीजों को बेहतर तरीकों से बनाने में सहायता मिली।

डा. कृष्णन् उपयोगी विज्ञान और शुद्ध विज्ञान में भेद नहीं करते थे। उनका यह दृष्टिकोण बिलकुल सही था। कोई खोज यदि आज शुद्ध भी हो तो कल उपयोगी बन जाती है।

डा. कृष्णन् में देशभक्ति कूट-कूट कर भरी हुई थी। एक समय तो उनका खयाल हो गया था कि पाश्चात्य शिक्षा के अध्ययन के लिए विदेश जाना बेकार है। मातृभाषा से उन्हें गहरा लगाव था। वह तमिल भाषा में भी लेख लिखते थे। अपने शोधकार्य से संबंधित कुछ लेख उन्होंने तमिल भाषा में भी लिखे हैं। भारत के पुराने साहित्य में उनकी बड़ी रुचि थी।

डा. कृष्णन् का देश-विदेश में खूब सम्मान हुआ। 1949 ई. में वह 'भारतीय विज्ञान कांग्रेस' के अध्यक्ष चुने गए थे। 1946 ई. में अंग्रेज सरकार ने उन्हें 'सर' की उपाधि दी थी। फिर स्वतंत्र भारत की सरकार ने उन्हें 1954 ई. में 'पद्म भूषण' की उपाधि दी। बाद में भारत सरकार ने उन्हें 'राष्ट्रीय प्राध्यापक' नियुक्त किया था। बहुत ही कम विद्वानों को यह गौरवशाली पद मिला है।

डा. कृष्णन् से आगे भी हमें बहुत-सी आशाएँ थीं। उनकी अचानक मृत्यु से देश का बड़ा अहित हुआ। वह बहुमुखी प्रतिभा के धनी थे। जवाहरलाल नेहरू ने एक बार उनके बारे में कहा था—''डा. कृष्णन् के बारे में अद्‌भुत बात यह है कि वह केवल महान् वैज्ञानिक ही नहीं हैं, बल्कि और भी बहुत कुछ हैं। वह एक सुयोग्य नागरिक हैं। वह एक पूर्ण व्यक्ति हैं, ऐसे व्यक्ति जिसमें कई व्यक्तियों का जमाव एक साथ हो गया है।''

सुब्रह्मण्यम् चंद्रशेखर

जन्म : 19 अक्तूबर, 1910

किसी समय हमारा देश ज्योतिषशास्त्र में बहुत आगे था। हमारे देश में आर्यभट, ब्रह्मगुप्त, भास्कराचार्य जैसे महान ज्योतिषी एवं गणितज्ञ हुए। पर यह उस जमाने की बात है जब दूरबीन का आविष्कार नहीं हुआ था। सन् 1609 ई. में गैलीलियो ने पहली दूरबीन बनाई। आगे बड़ी-बड़ी दूरबीनें बनने लगीं। आकाश के तारों का अध्ययन करने के लिए दूसरे कई प्रकार के यंत्रों का भी आविष्कार हुआ। पिछली सदी में फोटोग्राफी का आविष्कार हुआ। इन सब साधनों के कारण पिछली कुछ सदियों में खगोल विज्ञान ने खूब उन्नति की।

यूरोप में खगोल-विज्ञान की उन्नति होने का एक और कारण है। पुराने जमाने में यूनान और भारत के ज्योतिषियों ने ग्रहों और नक्षत्रों की गतियों को जानने के लिए कामचलाऊ गणित की खोज की थी। पुराने ज्योतिषियों का खयाल था कि पृथ्वी विश्व के केंद्र में स्थिर है। पुराने जमाने में ज्योतिषियों को ग्रहों और नक्षत्रों के सही आकार-प्रकार और इनकी सही दूरियों का भी अंदाजा नहीं था।

यूरोप के कोपर्निकस, केपलर, न्यूटन, गैलीलियो, लापलास आदि वैज्ञानिकों ने आकाश के पिंडों की गतियों के बारे में नए सिद्धांत स्थापित किए। इसलिए भी यूरोप में खगोल-विज्ञान की बहुत उन्नति हुई। हमारा देश इस प्रगति से बेखबर था। अंग्रेजी शिक्षा आरंभ हुई तभी हमारे विद्यार्थियों को इस प्रगति का परिचय मिला। इस सदी के आरंभ में परमाणु शक्ति की खोज हुई। महान

आइंस्टाइन ने अपने आपेक्षिकता सिद्धांत की स्थापना की। इस सिद्धांत से विश्व की भौतिक गतिविधियों को समझने में अधिक सहायता मिली। उसके बाद एक नए क्वांतम सिद्धांत की स्थापना हुई। इस सिद्धांत ने परमाणु और तारों को समझने में और भी अधिक सहायता दी। अब खगोल विज्ञान बहुत आगे बढ़ गया है। आकाश का अध्ययन करने के लिए अब, न केवल गणितशास्त्र, बल्कि रसायन और भौतिकी को जानना भी जरूरी हो गया है।

गणित, ज्योतिष और भौतिक विज्ञान पर समान रूप से अधिकार रखनेवाले ऐसे ही एक प्रख्यात भारतीय वैज्ञानिक हैं डा. चंद्रशेखर। जो वैज्ञानिक गणित और भौतिकशास्त्र की सहायता से आकाश की ज्योतियों का अध्ययन करते हैं, उन्हें ज्योतिभौंतिकवेत्ता कहते हैं। डा. चंद्रशेखर ऐसे ही एक चोटी के ज्योतिभौंतिकवेत्ता हैं। वह इस समय अमरीका में हैं। ज्योतिभौंतिक विज्ञान में उन्होंने कई नई बातें खोजी हैं। इस विषय पर लिखे गए उसके कुछ ग्रंथ सारे संसार में पढ़ाए जाते हैं। वह ज्योतिभौंतिकी की एक प्रसिद्ध वैज्ञानिक पत्रिका के संपादक भी रहे हैं। एक महान ज्योतिभौंतिकविद के रूप में वह संसार में प्रसिद्ध हो चुके हैं। डा. चंद्रशेखर को 1983 ई. में भौतिकी का नोबेल पुरस्कार भी मिला।

डा. चंद्रशेखर का परिवार वैज्ञानिकों के परिवार के रूप में प्रसिद्ध है। उनके पिता सी. सुब्रह्मण्यम् अय्यर गणितशास्त्र के ग्रेजुएट थे। वह जब रेलवे-विभाग में

एकाउंटेंट जनरल नियुक्त होकर लाहौर गए, तो वहीं पर 19 अक्तूबर, 1910 के दिन सुब्रह्मण्यम् चंद्रशेखर का जन्म हुआ था। नोबेल पुरस्कार विजेता प्रख्यात भारतीय वैज्ञानिक डा. चंद्रशेखर वेंकट रामन डा. चंद्रशेखर के पिता के छोटे भाई थे। डा. चंद्रशेखर के दूसरे चाचा डा. सी. रामस्वामी भी वैज्ञानिक हैं और मौसम विज्ञान में शोधकार्य करके उन्होंने नाम कमाया है। डा. चंद्रशेखर के तीन भाई भी वैज्ञानिक हैं और अपने-अपने क्षेत्रों में शोधकार्य कर रहे हैं। ऐसे वैज्ञानिक परिवार का सदस्य होना सचमुच ही सौभाग्य एवं गौरव की बात है।

चंद्रशेखर की आरंभिक पढ़ाई लाहौर में हुई। आगे की पढ़ाई के लिए वे मद्रास गए और वहाँ के प्रसिद्ध प्रेसीडेंसी कालेज में नाम लिखाया। गणितशास्त्र में उनकी गहरी रुचि थी। पर पिता की इच्छा के अनुसार उन्होंने 'ऑनर्स' के लिए भौतिक विज्ञान विषय लिया। इससे गणितशास्त्र में उनकी रुचि कम नहीं हुई। अनुमति लेकर वह गणित के क्लास में भी जाते थे। उसी समय मद्रास विश्वविद्यालय में जर्मन भाषा की पढ़ाई शुरू हुई थी। चंद्रशेखर ने जर्मन का कोर्स भी पूरा किया।

चंद्रशेखर अभी विद्यार्थी ही थे तो उन्होंने एक शोध-निबंध तैयार किया। उस समय डा. रामन के सभापतित्व में मद्रास में भारतीय विज्ञान परिषद का

अधिवेशन हुआ था। चंद्रशेखर ने अपने उस निबंध को उस अधिवेशन में पढ़ा। वैज्ञानिकों के ऐसे सम्मेलन में एक विद्यार्थी द्वारा शोध-निबंध पढ़ा जाना सचमुच ही बहुत बड़ी बात थी।

चंद्रशेखर ने सर्वोच्च स्थान पाकर मद्रास विश्वविद्यालय से एम. ए. की उपाधि प्राप्त की। आगे इंग्लैंड में पढ़ाई करने के लिए उन्हें भारत सरकार की छात्रवृत्ति मिली। वहाँ कैम्ब्रिज विश्वविद्यालय में प्रो. राल्फ और प्रो. डिराक जैसे चोटी के वैज्ञानिकों की देखरेख में उन्होंने शोधकार्य शुरू कर दिया। अपनी प्रतिभा से उन्होंने सबको चकित कर दिया। कैम्ब्रिज विश्वविद्यालय से उन्होंने, न केवल पी-एच. डी. की उपाधि प्राप्त की, बल्कि उन्हें ट्रिनिटी कालेज का फैलो भी बनाया गया। फैलो चुना जाना एक भारतीय के लिए बड़े सम्मान की बात थी। चंद्रशेखर 1930 से 1936 ई. तक कैम्ब्रिज विश्वविद्यालय में रहे।

इसके बाद डा. चंद्रशेखर भारत लौटे। उन्होंने बहुत कोशिश की कि उन्हें मद्रास विश्वविद्यालय में प्रोफेसर का पद मिल जाए, किंतु उनकी यह इच्छा पूरी नहीं हुई। इसलिए उन्होंने पुनः विदेश जाने का निश्चय कर लिया। इसी समय उन्हें अमरीका के शिकागो विश्वविद्यालय की ओर से निमंत्रण मिला। देश छोड़ने के पहले उन्होंने एक भारतीय तरुणी के साथ विवाह कर लिया। श्रीमती ललिता चंद्रशेखर पहले उनके साथ मद्रास विश्वविद्यालय में पढती थीं।

डा. चंद्रशेखर 1936 ई. में शिकागो गए। वहाँ उन्होंने येर्क-वेधशाला में भाषण दिए। अमरीका के प्रख्यात खगोलविद डा. ओटो स्ट्रूवे ने उन्हें व्याख्यान देने के लिए आमंत्रित किया था। वहाँ डा. चंद्रशेखर की प्रतिभा की पहचान हुई। उन्हें येर्क-वेधशाला में प्राध्यापक का पद मिला। तब से डा. चंद्रशेखर वहीं पर हैं। तरक्की करते-करते वहाँ वह बहुत ऊँचे पद पर पहुँचे। 1952 ई. से वह वहाँ से प्रकाशित होनेवाले प्रसिद्ध ज्योतिभौंतिकी जर्नल का भी संपादन करते आ रहे हैं। वहाँ रहते हुए उन्होंने ज्योतिभौंतिकी के क्षेत्र में कई नई बातें खोजीं और वैज्ञानिक जगत में ख्याति अर्जित की।

डा. चंद्रशेखर का खोजकार्य तारों की रचना और उनके भौतिक गुणधर्मों से संबंधित है। आकाश में अनगिनत तारे दिखाई देते हैं। ये सभी तारे आकाशगंगा-मंदाकिनी के सदस्य हैं। हमारी आकाशगंगा में करीब डेढ़ अरब तारे हैं। हमारा सूर्य इनमें से एक सामान्य तारा है। विश्व में हमारी आकाशगंगा की तरह की करोड़ों मंदाकिनियाँ हैं। और इनकी दूरियाँ? ये इतनी अधिक दूर हैं कि इन मंदाकिनियों से हम तक प्रकाश पहुँचने में करोड़ों साल लगते हैं। यहाँ हमें जान लेना चाहिए कि प्रकाश की किरणें एक सेकंड में 3,00,000 किलोमीटर दूरी तय करती हैं।

इन सब बातों की खोज आधुनिक काल में ही हुई है। आदमी चाँद पर पहुँच गया है। कुछ दिनों के बाद आदमी

सौर-मंडल के दूसरे ग्रहों पर भी पहुँचेगा। किंतु तारे और मंदाकिनियाँ हमसे बहुत-बहुत दूर हैं। हम तक पहुँचने-वाले विकिरण का अध्ययन करके ही हम उनके बारे में जानकारी प्राप्त कर सकते हैं।

विश्व के तारे और ग्रह उन्हीं पदार्थों से बने हैं, जिन पदार्थों से हमारी पृथ्वी और हमारा सूर्य बना है। इसलिए भौतिकी के बहुत-से नियम तारों की गतिविधियों पर भी लागू होते हैं। इन्हीं नियमों की सहायता से डा. चंद्रशेखर ने तारों के जीवन के बारे में नई-नई बातें खोज निकाली हैं।

हाँ, तारों का भी अपना जीवन होता है। उनका जन्म होता है और उनकी मृत्यु होती है। संसार में कोई भी चीज स्थिर नहीं रहती। डा. चंद्रशेखर ने तारों के इसी जीवन, विकास और मृत्यु के बारे में खोजकार्य किया है।

तारों को यह जीवन कैसे मिलता है? हमारा सूर्य एक तारा है। यह सतत जलता रहता है। इतना तेज जलता है कि इसके भीतर का तापमान 1,50,00,000^0 सेंटीग्रेड पर पहुँच जाता है। सूर्य में कौन-सा ईंधन जलता है? हम अपनी धरती पर देखते हैं कि कोयला, तेल आदि को जलाने से ऊष्मा मिलती है। पर सूर्य में कोयला या तेल नहीं जलता। यदि वह कोयला या तेल से जलता तो कभी का जलकर राख हो जाता। हमारी धरती की आयु कम-से-कम 5 अरब साल आँकी गई है। कम-से-कम इतने समय से सूर्य जलता आया है और आगे अरबों साल तक जलता रहेगा। दूसरे तारों का हाल भी ऐसा ही है।

इसी सदी में हमने परमाणु ऊर्जा की खोज की। एटम बम और हाइड्रोजन बम में कितनी शक्ति होती है, यह सभी ने सुना होगा। यह सब परमाणु की शक्ति का कमाल है। तारों में भी परमाणुओं का ईंधन जलता है। तारे बहुत बड़े होते हैं। उनकी द्रव्यराशि इतनी अधिक होती है कि उसके दाब से तारों के भीतर का तापमान बहुत अधिक बढ़ जाता है। इस ऊँचे तापमान के कारण तारों के एक प्रकार के परमाणु दूसरे प्रकार के परमाणुओं में बदल जाते हैं। इस रद्दोबदल में बहुत सारी ऊर्जा बाहर निकल आती है। तारों की यही ऊर्जा ताप या विकिरण के रूप में हम तक पहुँचती है।

तारों में हाइड्रोजन सबसे अधिक मात्रा में होता है। भीषण दाब और ऊँचे तापमान के कारण यह हाइड्रोजन राशि हीलियम में बदलती रहती है। हाइड्रोजन बम जब फटता है तो यही बात होती है। सूर्य और तारों में भी यही होता है। सूर्य और तारों को करोड़ों-अरबों हाइड्रोजन बमों के बराबर समझ लीजिए।

चूँकि तारे निरंतर अपने परमाणु-ईंधन को जलाते रहते हैं, इसलिए वह एक जैसे नहीं रहते। समय के साथ उनके स्वरूप में बदल होता रहता है। प्राणियों की तरह तारों के जीवन का भी विकास और अंत होता है। तारों का विकास और अंत किस प्रकार होता है, यही डा. चंद्रशेखर के शोधकार्य का विषय है।

डा. चंद्रशेखर ने सिद्ध किया है कि हमारा सूर्य अनंतकाल तक ऐसा ही बना नहीं रहेगा। इसका

जलनेवाला ईंधन घट जाएगा तो इसका रूप बदल जाएगा। तब इसका आकार बड़ा होता जाएगा। यह अपने पास के बुध ग्रह को हड़प लेगा। फिर शुक्र ग्रह की बारी आएगी और अंत में यह हमारी पृथ्वी को भी निगल जाएगा। वह दिन हमारी पृथ्वी के लिए सचमुच ही 'प्रलय' का दिन होगा। पर उस दिन के लिए अभी बहुत देर है। हमारी पृथ्वी की आयु 5 अरब साल है। इस पर मानव जीवन को जन्म लिए मुश्किल से दस लाख साल हुए हैं। पर वह 'प्रलय' का दिन आने के लिए अभी कम-से-कम 5 अरब साल बाकी हैं। लेकिन वह दिन आएगा जरूर।

लेकिन सूर्य या तारों की वही स्थिति बनी नहीं रहती। उसके बाद वह फूला हुआ तारा दूसरे प्रकार के परमाणु-ईंधन का इस्तेमाल करने लगेगा। तब हमारा सूर्य सिकुड़ने लगेगा। इसके परमाणु खंडित होकर प्रोटान और इलेक्ट्रान बन जाएँगे। इस स्थितिवाली द्रव्यराशि को 'प्लाज़्मा' कहते हैं। प्लाज़्मा की स्थिति में द्रव्य बहुत कम जगह घेरता है। प्लाज़्मा की स्थिति में कई टन द्रव्यराशि दियासलाई की डिबिया जितनी जगह घेरती है। ऐसी सघन स्थितिवाले तारे को 'सफेद-बौना' तारा कहते हैं। हमारी आकाशगंगा में इस प्रकार के अनेक तारे हैं। हमारा सूर्य भी एक दिन सफेद-बौना तारा बन जाएगा!

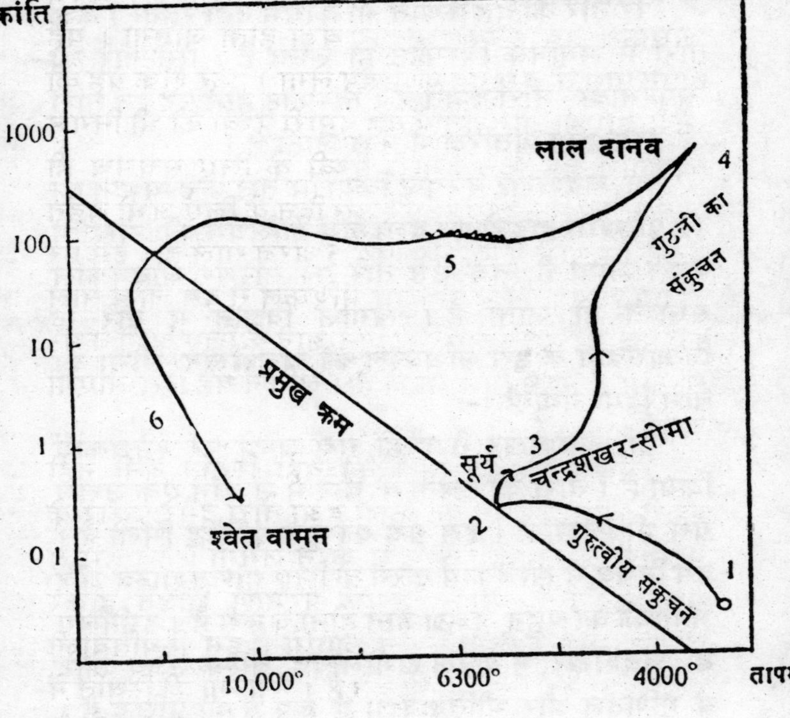

तारों के विकासक्रम का आरेख

1. *नीहारिका के द्रव्य से तारे का जन्म,*
2. *प्रमुख क्रम पर तारे का सुस्थिर जीवनकाल,*
3. *'चंद्रशेखर-सीमा' लांघने पर तारा फूलकर लाल दानव बन जाता है (4), फिर धीरे-धीरे सिकुड़कर श्वेत वामन बन जाता है (5 और 6)। जिस तारे की द्रव्यराशि सूर्य की द्रव्यराशि के 1.2 गुना तक होती है, वह अंत में श्वेत वामन बन जाता है। जिस तारे की द्रव्यराशि सूर्य की द्रव्यराशि के 1.4 गुना से अधिक है वह अंततः अधिकाधिक सिकुड़ता जाता है। सूर्य के 1.4 गुना द्रव्यराशि को 'चंद्रशेखर-सीमा' का नाम दिया गया है।*

पर तारे की यह स्थिति भी कायम नहीं रहती। कुछ तारों में भयानक विस्फोट हो जाता है। ऐसे तारे को 'सुपरनोवा' तारा कहते हैं। विस्फोट होने पर इन तारों की द्रव्यराशि अंतरिक्ष में फैल जाती है।

डा. चंद्रशेखर ने स्पष्ट किया कि तारे के द्रव्यमान का 12 प्रतिशत हाइड्रोजन द्रव्य जब हीलियम की 'राख' में बदल जाता है, तब उस तारे का सुस्थिर जीवनकाल समाप्त हो जाता है। खगोल विज्ञान में तारे के विकासक्रम के इस संधिकाल को **चंद्रशेखर-सीमा** का नाम दिया गया है।

डा. चंद्रशेखर ने इन्हीं सब बातों पर शोधकार्य किया है। तारों की रचना के बारे में उन्होंने एक उत्तम ग्रंथ भी लिखा है। इस ग्रंथ को खूब प्रसिद्धि मिली है। इस विषय में खोजकार्य करने के लिए गणितशास्त्र और भौतिकी का बहुत अच्छा ज्ञान होना जरूरी है। इसीलिए डा. चंद्रशेखर, न केवल खगोलविद, बल्कि उच्च कोटि के गणितज्ञ और भौतिकवेत्ता के रूप में भी प्रसिद्ध हैं। गणित में महत्त्वपूर्ण खोज करने के लिए कैम्ब्रिज विश्वविद्यालय की ओर से 'एडम्स पुरस्कार' दिया जाता है। डा. चंद्रशेखर ने यह पदक एवं पुरस्कार प्राप्त किया है। वह इंग्लैंड की रॉयल सोसायटी के भी सदस्य हैं। भारत सरकार ने उन्हें 'पद्म विभूषण' के अलंकरण से भी सम्मानित किया है।

भारत की विज्ञान अकादमी ने डा. चंद्रशेखर को 1961 में 'रामानुजन पदक' प्रदान किया था। उसे ग्रहण

करने के लिए, एक लंबे अर्से के बाद, 1968 में वह भारत आए। 1953 ई. में डा. चंद्रशेखर अमरीका के नागरिक बन गए थे, पर उनका दिल भारत में ही है। भारत में अनुसंधानकार्य के लिए उचित साधन न होने के कारण उन्हें देश से बाहर रहना पड़ा। इसका उन्हें बड़ा खेद है।

डा. चंद्रशेखर अब भी शोधकार्य में जुटे हुए हैं। उनका मुख्य विषय है ज्योतिभौंतिकी। उन्होंने मंदाकिनियों की रचना के बारे में भी नई बातें खोजी हैं। एक उम्र के बाद वैज्ञानिक की कार्यशक्ति शिथिल पड़ जाती है। डा. चंद्रशेखर अब 80 साल के हो रहे हैं। पर उनमें किसी प्रकार की शिथिलता नज़र नहीं आती। वे अब भी खोजकार्य में जुटे हुए हैं। आजकल वे कृष्ण विवरों (ब्लैक होल्स) के बारे में खोजकार्य कर रहे हैं।

डा. चंद्रशेखर भारत लौट आने के अपने इरादे को कई बार जाहिर कर चुके हैं। अब भारत में भी ज्योतिभौंतिकी विषय पर बहुत-से तरुण खगोलविद काम कर रहे हैं। डा. चंद्रशेखर के महान कृतित्व से भारत के तरुण वैज्ञानिकों को प्रेरणा मिलती है।

X X X

डॉ. चंद्रशेखर का, 84 वर्ष की आयु में, 21 अगस्त 1995 को शिकागो (अमरीका) में देहांत हुआ।

होमी जहाँगीर भाभा

जन्म : 30 अक्तूबर, 1909 : मृत्यु : 24 जनवरी, 1966

इस सदी के आरंभ से परमाणु की रचना और ऊर्जा के बारे में खोज शुरू हुई। दूसरे महायुद्ध के दौरान इस पर तेजी से काम हुआ। अमरीका ने एटम बम बनाए। जापान के दो नगरों पर एटम बमों का इस्तेमाल हुआ। सारी दुनिया को परमाणु की भयानक शक्ति के बारे में जानकारी मिली। दुनिया अवाक रह गई।

दूसरा महायुद्ध समाप्त हुआ। दो साल बाद 1947 ई. में हमारा देश आज़ाद हुआ। तब हमारे देश के वैज्ञानिक भी परमाणु ऊर्जा के बारे में सोचने लगे। परमाणु ऊर्जा से केवल नगरों का सफाया ही नहीं किया जा सकता। वास्तव में इस नई शक्ति के मानव समाज के लिए अनगिनत लाभ हैं। इससे बिजली पैदा की जा सकती है। इससे कारखाने चलाए जा सकते हैं। इससे जहाज चल सकते हैं। रोगों के इलाज में इसका इस्तेमाल हो सकता है। सचमुच ही अनगिनत लाभ हैं इसके। इसका सही इस्तेमाल करके संसार को सुखी बनाया जा सकता है।

हमारा देश आज़ाद हुआ तो सोचा जाने लगा कि, क्यों न हम भी परमाणु ऊर्जा के अनुसंधान को आगे बढ़ाएँ। पर यह काम आसान नहीं था। अमरीका, फ्रांस, सोवियत संघ और इंग्लैंड जैसे देश परमाणु ऊर्जा के बारे में पिछले कुछ दशकों से शोधकार्य करते आ रहे थे। हमारे देश में यह काम नए सिरे से शुरू करना था। अनेक तरह की कठिनाइयाँ थीं। फिर भी शुरुआत तो करनी ही थी। स्वतंत्र भारत की सरकार ने 'परमाणु

ऊर्जा आयोग' की स्थापना की और इसका कारभार डा. भाभा को सौंप दिया।

यूरोप और अमरीका में परमाणु ऊर्जा के बारे में जो अनुसंधान हुए थे, उनमें से अधिकांश बातें गुप्त रखी गई थीं। इसलिए डा. भाभा और उनके सहयोगियों को हर बात नए सिरे से शुरू करनी पड़ी। बाहर से हमको बहुत ही कम मदद मिली। परमाणु ऊर्जा के उत्पादन के लिए हमारे देश में कच्ची धातु पर्याप्त मात्रा में मौजूद है। हमारे वैज्ञानिकों ने काम शुरू कर दिया।

चंद दशकों में ही हमारे देश ने परमाणु ऊर्जा के क्षेत्र में खूब तरक्की की है। सोवियत संघ के अलावा एशिया भर में हमारा ही देश ऐसा है जहाँ परमाणु ऊर्जा के शांतिमय उपयोग के बारे में सबसे अधिक तरक्की हुई है। इस सारी उन्नति का श्रेय डा. होमी जहाँगीर भाभा और उनके नेतृत्व में काम करनेवाले हजारों वैज्ञानिकों और तकनीशियनों को है। यह भाभा की कार्यक्षमता का ही परिणाम है कि अब हमारे देश में परमाणु ऊर्जा से बिजली पैदा होने लगी है। तारापुर, कोटा तथा मद्रास के परमाणु बिजलीघरों ने काम करना शुरू कर दिया है। दूसरे परमाणु बिजलीघर भी बन रहे हैं।

डा. भाभा ने अपने अथक प्रयासों से बीस साल के भीतर ही परमाणु ऊर्जा के बारे में भारत को एक उन्नतशील देश बना दिया। डा. भाभा से आगे हमें बहुत-सी आशाएँ थीं। पर 24 जनवरी, 1966 के दिन एक विमान-दुर्घटना में अचानक उनकी मृत्यु हो गई।

सारे देश को बड़ा सदमा पहुँचा। इस दुर्घटना ने हमारे एक बहुत योग्य वैज्ञानिक को हमसे छीन लिया। उस समय उनकी आयु 56 साल की थी। वह शरीर से स्वस्थ थे। इसमें तनिक भी संदेह नहीं कि वह काफी साल तक जीवित रहते और देश के तरुण वैज्ञानिकों का मार्गदर्शन करते। पर उन्होंने जितना कुछ किया है, वह भी इतना अधिक है कि स्वतंत्र भारत के एक सर्वश्रेष्ठ वैज्ञानिक के रूप में उन्हें स्मरण किया जाता है।

होमी जहाँगीर भाभा का जन्म बंबई के एक संपन्न पारसी परिवार में 30 अक्तूबर, 1909 को हुआ था। उनके पिता जे. एच. भाभा बंबई के एक प्रतिष्ठित बैरिस्टर थे।

आज भारत में लगभग दो लाख पारसी हैं। ईसा की सातवीं शताब्दी में ईरान से कुछ पारसी परिवार भारत में चले आए थे। बहुत प्राचीन काल में ईरान और भारत में पहुँचे हुए आर्य लोग भाई-बंद थे। इस्लाम ने जब ईरान पर कब्जा कर लिया, तो अपने धर्म की रक्षा के लिए कुछ पारसी परिवार भारत चले आए थे। तब से ये भारत में ही हैं और भारत को ही अपना वतन मानते हैं। पारसी समाज ने बड़े योग्य व्यक्तियों को जन्म दिया है।

होमी भाभा पढ़ाई में बचपन से ही तेज थे। 15 साल की उम्र में उन्होंने बंबई के एक हाईस्कूल से सीनियर कैंम्ब्रिज की परीक्षा सम्मानपूर्वक पास की। बाद में उच्च अध्ययन के लिए भाभा कैंम्ब्रिज विश्वविद्यालय गए। वहाँ भी उन्होंने अपनी असाधारण प्रतिभा का परिचय

दिया। वहीं पर उन्होंने शोधकार्य शुरू कर दिया और 1934 में पी-एच. डी. की उपाधि प्राप्त की। आगे तीन साल तक डा. भाभा ने कैम्ब्रिज विश्वविद्यालय में पढ़ाया भी और शोधकार्य भी जारी रखा।

डा. भाभा ने ब्रह्मांड-किरणों पर शोधकार्य किया। उनका यह शोधकार्य इतना अधिक महत्त्वपूर्ण था कि उन्हें 1941 ई. में इंग्लैंड की प्रसिद्ध रॉयल सोसायटी ने अपना फैलो चुन लिया। तब डा. भाभा की आयु केवल 32 साल की थी। इतनी छोटी उम्र में यह सम्मान प्राप्त करना सचमुच ही बड़े गौरव की बात है।

सन् 1941 में डा. भाभा स्वदेश लौट आए। बेंगलूर की 'इंडियन इंस्टीट्यूट ऑफ साइंस' में वह प्राध्यापक नियुक्त हुए। यहाँ डा. भाभा ने ब्रह्मांड-किरणों पर अपना शोधकार्य जारी रखा। उनके इर्द-गिर्द तरुण वैज्ञानिकों का एक दल जमा हो गया। इसी दौरान उन्हें कैम्ब्रिज विश्वविद्यालय ने अपना प्रसिद्ध एडम्स पुरस्कार प्रदान किया।

उस समय हमारे देश में शोधकार्य के लिए अच्छी प्रयोगशालाएँ नहीं थीं। डा. रामन के प्रयासों से बेंगलूर में एक अच्छी प्रयोगशाला की स्थापना हुई थी। डा. भाभा वहीं पर शोधकार्य कर रहे थे। पर उनकी बड़ी इच्छा थी कि आधुनिक ढंग की एक बहुत बढ़िया प्रयोगशाला की भारत में स्थापना हो। इतनी बढ़िया कि वह यूरोप या अमरीका की किसी भी बढ़िया प्रयोगशाला से घटिया दर्जे की न हो। तब हमारे देश के तरुण

वैज्ञानिकों को शोधकार्य के लिए विदेश नहीं जाना पड़ेगा।

डा. भाभा ने इसके लिए कोशिश शुरू कर दी। पारसी लोग काफी धनी होते हैं। सर दोराबजी टाटा के नाम से एक ट्रस्ट है। इस ट्रस्ट के धन से और डा. भाभा के प्रयासों से 1945 ई. में बंबई में 'टाटा इंस्टीट्यूट ऑफ फंडामेंटल रिसर्च' संस्थान की स्थापना हुई। बंबई सरकार ने भी इसमें सहयोग दिया। डा. भाभा इस संस्थान के डायरेक्टर नियुक्त हुए। तब से इस संस्थान ने बहुत उन्नति की है। हम यह भी कह सकते हैं कि यह संस्थान भारत में शोधकार्य करने के लिए सर्वोत्तम केंद्र है। यह सब डा. भाभा के ही अथक प्रयासों का फल है।

हम बता चुके हैं कि डा. भाभा ने ब्रह्मांड-किरणों (कॉज़्मिक रेज़) पर शोधकार्य किया था। पर ये ब्रह्मांड-किरणें क्या हैं, कैसी होती हैं?

ब्रह्मांड किरणों की खोज इसी शताब्दी में हुई है। आकाश में अनगिनत तारे हैं, करोड़ों मंदाकिनियाँ हैं। इनका प्रकाश हम तक पहुँचता है। प्रकाश किरणों को हम अपनी आँखों से या दूरबीनों से देख सकते हैं। पर आकाश की इन ज्योतियों से केवल प्रकाश की किरणें ही नहीं, दूसरे प्रकार की किरणें भी हम तक पहुँचती हैं; पर इन्हें हम अपनी आँखों से नहीं देख सकते। एक्स किरणें, गामा किरणें आदि इसी प्रकार की किरणें हैं। इन सब किरणों को विकिरण कहते हैं।

ब्रह्मांड किरणें भी इसी प्रकार का एक विकिरण हैं।

इनकी खोज इस शताब्दी के शुरू में हुई है। वैज्ञानिकों ने पता लगाया कि ब्रह्मांड किरणें बहुत शक्तिशाली होती हैं। ये किरणें इतनी शक्तिशाली होती हैं कि लोहे या सीसे की काफी मोटी चद्दरों को भी पार कर जाती हैं, पर इन किरणों को हम देख नहीं सकते। केवल यंत्रों से ही इनके होने का पता लगाया जा सकता है। यही कारण है कि इनकी खोज आधुनिक काल में ही हो सकी है।

अब तक कोई भी ठीक से यह नहीं बता सका है कि ये ब्रह्मांड किरणें कहाँ और कैसे जन्म लेती हैं। हमारे सूर्य में भी कुछ ब्रह्मांड किरणों का जन्म होता होगा, पर वैज्ञानिकों ने जाना है कि ज्यादातर ब्रह्मांड किरणें दूर के तारों और मंदाकिनियों से आती हैं। दरअसल, ये ब्रह्मांड किरणें सारे ब्रह्मांड में यात्रा करती रहती हैं, इसीलिए इन्हें ब्रह्मांड किरणों का नाम दिया गया है।

पृथ्वी के ऊपर काफी ऊँचाई तक वायुमंडल है। यह वायुमंडल कई किस्म की गैसों के अणु-परमाणुओं से बना है। शक्तिशाली ब्रह्मांड किरणें जब पृथ्वी के वायुमंडल में पहुँचती हैं तो हवा के परमाणुओं से ये जोर से टकरा जाती हैं। तब क्या होता है? तब हवा के वे परमाणु टूट जाते हैं और छोटे-छोटे परमाणु-कणों के रूप में बिखर जाते हैं। चूँकि ब्रह्मांड किरणें बड़े तीव्र वेग से वायुमंडल में उतरकर परमाणुओं से टकराती हैं, इसलिए उनकी यह गति टूटे हुए परमाणु-कणों को मिल जाती है। तब वे परमाणु-कण पृथ्वी की ओर तेजी से यात्रा करते हैं। टूटे हुए परमाणु-कणों की धरती पर सतत वर्षा

होती रहती है। ब्रह्मांड किरण जब परमाणु को तोड़ता है तो उसमें से ढेर सारे कण गुच्छे की तरह बाहर आते हैं और ये नीचे यानी धरती की ओर दौड़ते हैं।

ब्रह्मांड किरणें दो प्रकार की होती हैं। जो ब्रह्मांड किरणें पृथ्वी के वायुमंडल में पहुँचती हैं उन्हें 'प्राथमिक ब्रह्मांड किरणें' कहते हैं। वायुमंडल के परमाणुओं से टकराकर जिन किरणों की 'वर्षा' होती है, उन्हें 'माध्यमिक ब्रह्मांड किरणें' कहते हैं। डा. भाभा का कार्य इन्हीं माध्यमिक ब्रह्मांड किरणों के बारे में है।

ये माध्यमिक ब्रह्मांड किरणें कैसे जन्म लेती हैं, वर्षा की तरह ये किस प्रकार धरती पर पहुँचती हैं, इनमें कितनी शक्ति होती है, ये किस चीज को किस हद तक पार कर सकती हैं, आदि बातों के बारे में डा. भाभा ने एक सिद्धांत की स्थापना की। वैज्ञानिक जगत में उनका यह सिद्धांत 'कास्केड थ्योरी' के नाम से मशहूर है। कास्केड कहते हैं वर्षा या प्रपात की धारा को। चूँकि प्रपात की तरह ही ब्रह्मांड किरणों की वर्षा होती रहती है, इसलिए उनकी खोज को 'कास्केड' सिद्धांत कहा गया है।

डा. भाभा के कास्केड सिद्धांत को खूब प्रसिद्धि मिली। इस सिद्धांत से परमाणु की रचना के बारे में बहुत-सी नई बातों को जानने में सहायता मिली। अब संसार की बड़ी-बड़ी प्रयोगशालाओं में त्वरण यंत्र स्थापित किए गए हैं। इन यंत्रों में परमाणु-कणों को तेज गति दी जाती है और एक-दूसरे से टकराया जाता है। फिर भी इन यंत्रों में परमाणु-कणों को उतनी तेज गति

नहीं दी जा सकती, जितनी कि ब्रह्मांड किरणें शक्तिशाली होती हैं। ये ब्रह्मांड किरणें जब वायुमंडल के परमाणुओं से टकराती हैं तो बहुत सारे परमाणु-कणों को जन्म देती हैं। इसीलिए परमाणु की रचना को समझने के लिए ब्रह्मांड किरणों का अध्ययन करना बहुत जरूरी है। इस अध्ययन के लिए गुब्बारों में वैज्ञानिक यंत्र रखकर उन्हें ऊपरी वायुमंडल में भेजा जाता है।

डा. भाभा एक उच्च कोटि के गणितज्ञ थे। गणितशास्त्र पर अधिकार होने के कारण ही उन्होंने अपने सिद्धांत को बढ़िया गणितीय ढाँचे में पेश किया था। उन्होंने परमाणु-कणों के गुणधर्मों के बारे में कई शोध-निबंध लिखे थे।

डा. भाभा ब्रह्मांड किरणों के अध्ययन के लिए संसार-भर में ख्याति अर्जित कर चुके हैं। पहले बेंगलूर और बाद में बंबई की प्रयोगशाला में उन्होंने इन किरणों का अन्वेषण जारी रखा। उनके साथ अनेक तरूण वैज्ञानिक भी जुट गए। यही कारण है कि ब्रह्मांड किरणों के बारे में वैज्ञानिक जगत में भारत का खूब नाम है। यह सब डा. भाभा के परिश्रम का ही फल है।

देश के आजाद होने पर डा. भाभा को 'परमाणु ऊर्जा आयोग' की जिम्मेदारी सौंपी गई। इस काम को उन्होंने बड़ी सफलता से निभाया। उनकी देखरेख में हजारों वैज्ञानिकों और तकनीशियनों ने काम करके देश में परमाणु ऊर्जा के निर्माण की ठोस नींव रखी। डा. भाभा के प्रयासों से अब हमारा देश परमाणु ऊर्जा के क्षेत्र

में काफ़ी आगे बढ़ गया है। इससे कोई यह न समझ ले कि डा. भाभा केवल एक वैज्ञानिक ही थे। उन्हें संगीत और चित्रकारी का भी बहुत शौक था। बाग-बगीचों के सौंदर्य पर वह मोहित हो जाते थे। उन्होंने एक अच्छे चित्रकार के रूप में भी नाम कमाया है।

डा. भाभा का देश-विदेश में खूब गौरव हुआ है। कई विश्वविद्यालयों ने 'डाक्टरेट' की उपाधियाँ देकर उन्हें गौरवान्वित किया। सरकार ने उन्हें 'पद्म भूषण' का अलंकरण दिया। 1951 ई. में वह भारतीय विज्ञान काँग्रेस के अध्यक्ष भी बने। 1955 ई. में संसार के कई देशों के वैज्ञानिकों का जेनेवा में एक सम्मेलन हुआ था। परमाणु ऊर्जा का शांतिमय तरीकों के लिए इस्तेमाल करने पर विचार करने के लिए यह सम्मेलन आयोजित किया गया था। डा. भाभा इस सम्मेलन के अध्यक्ष नियुक्त हुए थे। एक भारतीय वैज्ञानिक के लिए ऐसे सम्मेलन का अध्यक्ष होना बड़े गौरव की बात थी।

देश को आगे डा. भाभा से बहुत-सी आशाएँ थीं। अचानक दुर्घटना ने उन्हें हमसे छीन लिया। पर वह हमको अनाथ छोड़कर नहीं गए। उनके तैयार किए हुए तरुण वैज्ञानिक अब भारतीय विज्ञान को आगे बढ़ा रहे हैं। परमाणु ऊर्जा के उनके काम को एक बहुत ही योग्य वैज्ञानिक डा. विक्रम साराभाई ने सँभाल लिया था।

अब डा. साराभाई (1919-1971) भी नहीं रहे। उनके कार्यभार को अब भारतीय वैज्ञानिकों की तरुण पीढ़ी ने सँभाल लिया है।

हरगोविंद खुराना

जन्म : 9 जनवरी, 1922

नोबेल पुरस्कार का नाम सभी ने सुना होगा । पिछली सदी में यूरोप के स्वीडेन देश में अल्फ्रेड नोबेल नाम के एक वैज्ञानिक हुए थे। उन्होंने विस्फोटक द्रव्य 'डाइनेमाइट' की खोज की थी । जीवन के अंतिम दिनों में उन्होंने अपना सारा धन एक संस्था के सुपुर्द कर दिया और इच्छा प्रकट की कि इस धन के ब्याज से हर साल संसार के श्रेष्ठ वैज्ञानिकों और साहित्यकारों को पुरस्कार दिए जाएँ ।

तब से हर साल यह पुरस्कार रसायनज्ञ, भौतिकवेत्ता, जीव-वैज्ञानिक और साहित्यिक को दिया जाता रहा है । संसार में शांति स्थापित करने का यत्न करनेवाले व्यक्ति को भी एक नोबेल शांति-पुरस्कार दिया जाता है । पिछले करीब नौ दशकों से नोबेल पुरस्कार प्राप्त करना बड़े सम्मान और गौरव की बात समझी जाती है । जिस व्यक्ति को पुरस्कार मिलता है, उसका तो गौरव होता ही है, पर वह व्यक्ति जिस देश का होता है वह देश भी गौरवान्वित होता है ।

यूरोप के छोटे-छोटे देशों के कई वैज्ञानिकों और साहित्यकारों ने नोबेल पुरस्कार प्राप्त किए हैं । भारत के अभी केवल तीन वैज्ञानिकों को ही नोबेल पुरस्कार मिला है। भौतिक विज्ञान के लिए डा. रामन और डा. चंद्रशेखर को और 1968 ई. में जीव-विज्ञान में शोधकार्य करने के लिए डा. हरगोविंद खुराना को ।

नोबेल पुरस्कार प्राप्त करना सचमुच ही बहुत बड़े गौरव की बात है । पर इसका यह मतलब नहीं है कि हर

महान साहित्यिक को या हर महान वैज्ञानिक को नोबेल पुरस्कार मिला ही है। विज्ञान के कई ऐसे विषय हैं जिनके लिए नोबेल पुरस्कार नहीं दिया जाता। गणित में शोधकार्य करने के लिए कोई नोबेल पुरस्कार नहीं है। पर यह सही है कि जिन व्यक्तियों को नोबेल पुरस्कार मिले हैं, वे उच्चकोटि के साहित्यिक या वैज्ञानिक हैं। डा. हरगोविंद खुराना ऐसे ही एक नोबेल पुरस्कार विजेता वैज्ञानिक हैं।

एक किस्सा। रवींद्रनाथ ठाकुर पहले भारतीय थे जिन्हें 1913 में साहित्य का नोबेल पुरस्कार मिला था। इस पुरस्कार का समाचार जब अखबारों में छपा तो बंगाल की एक साहित्यिक संस्था के कुछ लोग रवि बाबू को बधाई देने शांतिनिकेतन पहुँचे। तब रवि बाबू ने उनकी प्रशंसा करनेवालों से कहा था : मेरे देशवासी अब मेरा सम्मान करना इसलिए जरूरी समझते हैं कि पहले विदेशियों ने मुझे सम्मानित किया है।

सन् 1968 में जब अखबारों में यह समाचार छपा कि जीव-विज्ञान में शोधकार्य करने के लिए, दो अन्य वैज्ञानिकों के साथ, डा. खुराना को नोबेल पुरस्कार मिला है तो सारे देश में तहलका मच गया। उसके पहले देश के पढ़े-लिखे लोगों ने भी उनका नाम नहीं सुना था, सामान्य जनों की बात तो दूर रही। उनके विषय में खोजकार्य करनेवाले चंद लोग ही उनके कार्य को जानते थे।

उस समय सारे देश में सनसनी इसलिए भी फैली कि

डा. खुराना अपने वतन को छोड़कर अमरीका में जाकर बस गए थे। जाहिर है कि शोधकार्य करने के लिए भारत में उन्हें सुविधाएँ नहीं मिली थीं। देश में विज्ञान में खोजकार्य करने के लिए अच्छा वातावरण नहीं है, अच्छी प्रयोगशालाएँ नहीं हैं, इसलिए हमारे देश के प्रतिभाशाली शोधकर्ता विदेश चले जाते हैं। विदेश में उन्हें खूब सुविधाएँ मिलती हैं, पर्याप्त पैसा मिलता है, इसलिए वे वहाँ जाकर वहीं बस जाते हैं। ऐसे हजारों भारतीय वैज्ञानिक विदेशों में जाकर बस गए हैं।

यह बड़े दुःख की बात है। देश के योग्य व्यक्ति यदि विदेश चले जाएँ तो यह देश की सरकार के लिए भी बदनामी की बात है। डा. खुराना को नोबेल पुरस्कार मिलने का समाचार मिला तो लोगों ने सरकार की खूब आलोचना की। डा. खुराना का जन्म भारत में हुआ, उनकी पढ़ाई भारत में हुई, उनके नाते-रिश्तेदार भारत में हैं, पर डा. खुराना अब अमरीका के नागरिक बन गए हैं! फिर भी हम उन्हें भारत का ही मानते हैं। उनका कार्य भले ही विदेश में हो रहा हो, पर उनका दिल भारत में ही है।

डा. खुराना मामूली परिस्थिति से ऊपर उठे। जीवन में उन्होंने अनेक कठिनाइयाँ झेलीं। भारत में आज भी एक योग्य व्यक्ति को किस प्रकार की कठिनाइयाँ झेलनी पड़ती हैं, इसे डा. खुराना के जीवन-संघर्ष से अच्छी तरह समझा जा सकता है।

हरगोविंद खुराना का जन्म मुलतान जिले के रायपुर

गाँव में 9 जनवरी, 1922 के दिन हुआ था। अब यह स्थान पाकिस्तान में है। हरगोविंद अपने माता-पिता की पाँचवीं संतान थे। पिता लाला गणपतराय गाँव के पटवारी थे। पर गोविंद जब 12 साल के थे, तभी उनके पिता का देहांत हो गया। बेटे के लालन-पालन का बोझ धर्मपरायण माँ कृष्णादेवी के सिर पर आ पड़ा। बड़ी बहन का विवाह हो गया, दो बड़े भाई बाहर नौकरी पर चले गए। घर में रह गए गोविंद, उनके बड़े भाई नंदलाल और माँ!

आगे नंदलाल ने गोविंद की पढ़ाई में खूब मदद की। हरगोविंद को परिवार के लोग गोविंद नाम से ही पुकारते थे। बचपन से ही वह पढ़ने में तेज थे। पर खेल-कूद में भी भाग लेते थे। गणित में गहरी रुचि थी। माँ रोटी बनाती तो वह होड़ लगाते। कहते—"देखता हूँ माँ, तुम्हारी रोटी तवे से पहले उतरती है या मेरा सवाल पहले हल हो जाता है।"

गोविंद की शुरू की पढ़ाई रायपुर गाँव में ही हुई। मिडिल की परीक्षा खानेवाल से दी और जिले-भर में प्रथम आए। छात्रवृत्ति मिली। हाईस्कूल की पढ़ाई उन्होंने मुलतान के डी. ए. वी. हाईस्कूल में की। मैट्रिक की परीक्षा का परिणाम निकला तो हरगोविंद का क्या हाल हुआ था, इसके बारे में उस समय के उनके एक अध्यापक दीननाथ जी ने एक घटना बताई है। मैट्रिक का परिणाम निकला तो हरगोविंद को रोते हुए देखा गया। कारण यह नहीं था कि वह फेल हो गए थे। वह तो

प्रथम श्रेणी में उत्तीर्ण हुए थे। रोने की वजह यह थी कि योग्यता की सूची में उनका नाम दूसरे नंबर पर आया था!

हरगोविंद सभी परीक्षाओं में प्रथम श्रेणी में पास होते रहे। बी. एस-सी. और एम. एस-सी. की परीक्षाएँ उन्होंने लाहौर से पास कीं। आगे शोधकार्य करने के लिए उन्हें सरकारी छात्रवृत्ति मिली और 1946 ई. में वह इंग्लैंड चले गए। उस समय उनकी उम्र 24 साल की थी।

इंग्लैंड के लिवरपूल विश्वविद्यालय में हरगोविंद खुराना ने डा. राबर्टसन की देखरेख में जीव-विज्ञान में शोधकार्य किया। जीव-विज्ञान ने अब बहुत उन्नति की है। अब यह विषय कई भागों में बँट गया है। रसायनशास्त्र की सहायता से जब जीव-जगत का अध्ययन किया जाता है, तो उस विषय को **जैव-रसायन** कहते हैं। खुराना का शोधकार्य इसी विषय से संबंधित है। 1948 ई. में खुराना को लिवरपूल विश्वविद्यालय से पी-एच. डी. की उपाधि मिली। इसके बाद डा. खुराना को भारत सरकार की ओर से फिर छात्रवृत्ति मिली और आगे के अध्ययन के लिए वह स्विट्जरलैंड गए। वहाँ ज्यूरिख़ नगर में उन्होंने प्रो. प्रिलाग के साथ शोधकार्य किया।

उसके बाद डा. खुराना स्वदेश लौटे। इस बीच देश का बँटवारा हो चुका था। उनकी माँ और भाई दिल्ली में आकर बस गए थे। दूसरे महायुद्ध के दौरान उनके बड़े भाई नंदलाल खुराना सेना में भरती होकर बाहर चले गए

थे। उन्होंने कह दिया था कि उनका वेतन उनके परिवार को मिले। इससे हरगोविंद की पढ़ाई में मदद मिली थी। देश के आज़ाद हो जाने पर नंदलाल दिल्ली के एक स्कूल में अध्यापक नियुक्त हुए। यूरोप से लौटने के बाद डा. खुराना दिल्ली में अपने भाई के पास रहने लगे।

डा. खुराना बड़े उत्साह और उम्मीद से स्वदेश लौटे थे। उन्हें आशा थी कि देश के किसी विश्वविद्यालय में या किसी अच्छी प्रयोगशाला में उन्हें अच्छा स्थान मिल जाएगा। वह तीन महीने दिल्ली में रहे। इस बीच उन्होंने खूब कोशिश की कि उन्हें कोई अच्छी नौकरी मिल जाए, किंतु उनकी सारी आशाओं पर पानी फिर गया। उनके निराश होने का दूसरा कारण यह भी था कि उस समय हमारे देश में जैव-रसायन में शोधकार्य करने के लिए कोई अच्छी प्रयोगशाला नहीं थी। अंत में डा. खुराना ने पुनः यूरोप वापिस चले जाने का फैसला कर लिया। फिर उन्होंने पीछे मुड़कर नहीं देखा। विदेशों में वह तरक्की के रास्ते पर आगे ही बढ़ते चले गए।

भाई नंदलाल ने उनके इंग्लैंड जाने के लिए पैसे जुटा दिए। डा. खुराना ने वहाँ कैम्ब्रिज विश्वविद्यालय में नोबेल पुरस्कार विजेता प्रो. अलेक्जेंडर टॉड की देखरेख में शोधकार्य किया। 1952 ई. में डा. खुराना कनाडा चले गए। वहाँ ब्रिटिश कोलंबिया विश्वविद्यालय में वे जैव-रसायन विभाग के अध्यक्ष नियुक्त हुए। डा. खुराना कनाडा में 1960 ई. तक रहे। इस बीच विदेशों की वैज्ञानिक पत्रिकाओं में उनके दर्जनों शोध-निबंध

प्रकाशित हुए। उनके शोधकार्य के लिए उन्हें कुछ प्रसिद्ध पुरस्कार भी मिले। उन्होंने विदेशों के कई विश्वविद्यालयों में भाषण भी दिए। पर अपना देश उनकी इस प्रगति से बेखबर था!

सन् 1960 में डा. खुराना अमरीका चले गए। वहाँ वह विस्कोंसिन विश्वविद्यालय के एन्जाइन शोध-संस्थान में प्राध्यापक नियुक्त हुए। बाद में उन्हें इस संस्था का महानिदेशक भी बनाया गया। एक भारतीय को विदेश में इतना बड़ा पद मिलना सचमुच ही बड़े गौरव की बात है। पर हमारे देश के शासन के सूत्रधार अब भी डा. खुराना के शोधकार्य से बेखबर ही रहे। अंत में 1966 ई. में डा. खुराना अमरीका के नागरिक बन गए!

डा. खुराना ने 1952 ई. में स्विट्ज़रलैंड की एक तरुणी एस्थर से विवाह कर लिया था। अब वह दो पुत्रियों और एक पुत्र के पिता हैं।

डा. खुराना 1966 ई. के पहले अपना वह शोधकार्य पूरा कर चुके थे जिसके लिए उन्हें 1968 ई. में नोबेल पुरस्कार मिला। औषधि विज्ञान और शरीरक्रिया विज्ञान में महत्त्वपूर्ण खोज करने के लिए उस साल यह पुरस्कार तीन वैज्ञानिकों को सम्मिलित रूप से प्रदान किया गया। ये तीन वैज्ञानिक हैं—डा. हरगोविंद खुराना, डा. राबर्ट होले और डा. मार्शल नीरेनबर्ग। इन तीन वैज्ञानिकों ने जीवन की मूलभूत इकाई (डी. एन. ए. अणु) की संरचना को स्पष्ट किया और बताया कि यह अणु किस प्रकार प्रोटीनों का संश्लेषण करता है।

डा. खुराना ने जिस विषय में खोजकार्य किया है वह बड़े महत्त्व का है। यह विषय है जैव-रसायन और आनुवंशिकी। पिछले करीब तीस साल में ही यह विषय बहुत तरक्की कर चुका है। इस विषय में हो रहे शोधकार्य का मानव के जीवन पर बहुत गहरा प्रभाव पड़नेवाला है, क्योंकि यह विषय जीवन की गुत्थियों को सुलझा रहा है। यह विषय प्रयोगशाला में 'जीव' का निर्माण करने जा रहा है।

पुराने लोगों का खयाल था कि किसी ईश्वर ने एक दिन में ही इस संसार के सारे प्राणियों का निर्माण किया है। पर अब हम जानते हैं कि धरती के प्राणियों का निर्माण एक दिन में नहीं हुआ है। करीब सौ साल पहले महान वैज्ञानिक **डारविन** ने अपने **विकासवाद** की स्थापना की। डारविन ने सिद्ध किया कि विकास होते-होते ही इस धरती पर प्राणियों ने जन्म लिया है। आपस में और प्रकृति के साथ संघर्ष करते हुए प्राणियों का निरंतर विकास होता रहा है। प्राणियों की जो प्रजाति सबल होती है, वह दूसरी प्रजातियों को पछाड़कर विकास की ओर आगे बढ़ती है।

डारविन के इन विचारों ने चारों ओर तहलका मचा दिया था। डारविन के बाद दूसरे वैज्ञानिक भी मनुष्य जाति के गुणों की खोज करने में जुट गए। अभी यह नहीं जाना गया था कि माता-पिता के गुण संतान में कैसे उतरते हैं। वह कौन-सी चीज है जिसके कारण पुत्र या पुत्री की शकल या अन्य गुण माता-पिता से मिलते-जुलते

हैं ? अन्य प्राणियों में और वनस्पति-जगत में भी हम यही बात देखते हैं। जो विज्ञान ऐसे सवालों के बारे में विचार करता है उसे **आनुवंशिकी** कहते हैं। वैज्ञानिक आनुवंशिकता के रहस्य की खोज में जुट गए।

आज से करीब सवा सौ साल पहले **जार्ज मेन्डेल** नाम के एक वैज्ञानिक ने सिद्धांत पेश किया था कि माता-पिता से आनुवंशिकता के गुण कुछ खास तत्त्वों से संतान में पहुँचते हैं। ये तत्त्व ही जीवन की इकाई हैं। इस इकाई में ही जीवन का रहस्य छिपा हुआ है। जीवन की इकाई की खोज शुरू हुई।

पहले वैज्ञानिकों का खयाल था कि **टिश्यू** या ऊतक ही जीवन की मूल इकाई हैं। आगे जाकर पता चला कि टिश्यू नहीं, बल्कि गुणसूत्र (**क्रोमोसोम**) जीवन की इकाई हैं। पर यह बात भी सही नहीं थी। अभी और भी बहुत कुछ खोजना बाकी था। आगे गहराई से खोज करने पर पता चला कि सूक्ष्म **जीन** में ही जीवन के बीज छिपे हुए हैं। पर जीन सरल वस्तु नहीं, बल्कि एक बहुत ही जटिल वस्तु है। जीन की रचना की खोज करना जरूरी था। यह खोज केवल जीव-वैज्ञानिकों के बस की बात नहीं थी। इसमें रसायनज्ञों का सहयोग भी जरूरी था। इसीलिए विज्ञान के इस विषय को जैव-रसायन कहते हैं।

जीन कई प्रकार के एसिडों यानी अम्लों से बनते हैं। खोज करने पर पता चला कि इनकी रचना दो प्रकार के एसिडों से हुई है। ये हैं : डिओक्सीरिबोन्यूक्लेइक एसिड

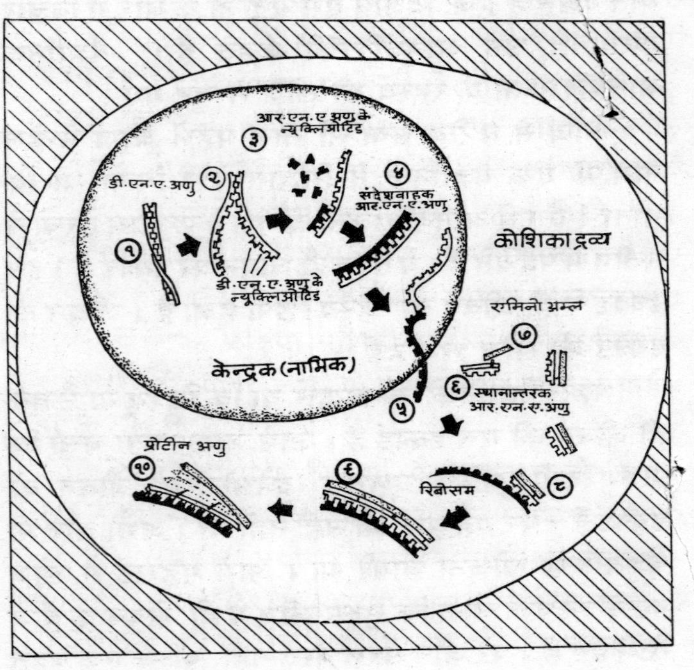

कोशिका के भीतर डी. एन. ए. और आर. एन. ए. अणुओं के सहयोग से प्रोटीन अणु के संश्लेषण की प्रक्रिया

(संक्षेप में, **डी. एन. ए.**) और रिबोन्यूक्लेइक एसिड (संक्षेप में, **आर. एन. ए.**)।

वास्तव में, ये एसिड ही जीवन की मूल इकाइयाँ हैं । आनुवंशिकता का रहस्य भी इन्हीं एसिडों की रचना में छिपा हुआ है । पर ये एसिड वैज्ञानिकों के लिए एक बहुत

बड़ी पहेली साबित हुए। कई मूलतत्त्वों की खास योजना से बने हुए ये एसिड अपने में एक बहुत बड़ा रहस्य छिपाए हुए हैं।

ऊँची इमारतों में पीछे की ओर अक्सर गोलाकार सीढ़ियाँ बनाई जाती हैं। वैज्ञानिकों ने बड़ी कठिनाइयों के बाद पता लगाया है कि डी. एन. ए. की रचना उस सीढ़ी जैसी ही है। यह खोज 1953 में जेम्स वाट्सन और फ्रांसिस क्रिक नामक वैज्ञानिकों ने की। पर अब भी इन एसिडों के बारे में सारी बातें खोजी नहीं गई हैं। जीवन के सारे रहस्य इनमें छिपे हुए हैं। वैज्ञानिक धीरे-धीरे इन रहस्यों की खोज कर रहे हैं। डा. खुराना ने जीवन की इन्हीं इकाइयों के बारे में शोधकार्य किया है और उनकी खोज से कुछ नई बातों का पता चला है। डा. खुराना ने 1973 ई. में पहली बार डी. एन. ए. के एक कार्यक्षम जीन का संश्लेषण किया।

जैव-रसायन बड़े महत्त्व का विषय है। आदमी को अनेक प्रकार के रोग होते हैं। बच्चों को बहुत-से रोग अपने माता-पिता से मिलते हैं। इन रोगों का रहस्य जीवाणुओं में छिपा हुआ है। जीवाणुओं की रचना के बारे में जब सारी बातें पता चल जाएँगी तो इन रोगों को भी दूर करना संभव होगा। जीवाणुओं की रचना में रद्दोबदल करके मनुष्य को नए गुण भी दिए जा सकेंगे। आगे जाकर प्रयोगशाला में कृत्रिम जीव को जन्म देने में सफलता मिलेगी। इस दिशा में प्रयोग जारी हैं।

जैव-रसायन के आविष्कार आगे जाकर मानव जाति में क्रांतिकारी परिवर्तन करेंगे, इसमें संदेह नहीं । हमें इस बात का गर्व है कि भारतीय वैज्ञानिक डा. हरगोविंद खुराना ने इस विज्ञान में महत्त्वपूर्ण खोज की है । आज डा. खुराना अमरीका में हैं और शोधकार्य में जुटे हुए हैं । डा. खुराना आज भले ही भारत में न हों, मगर उनका संघर्षमय जीवन हमारे तरुण वैज्ञानिक को प्रेरणा देता

● ● ●